MICRO EXPRESSION
PSYCHOLOGY

微表情心理学

第一时间看透他人

弘丰　编

北京燕山出版社
BEIJING YANSHAN PRESS

图书在版编目（CIP）数据

微表情心理学 / 弘丰编 . -- 北京：北京燕山出版社，2018.6（2020.4 重印）

ISBN 978-7-5402-5174-1

Ⅰ . ①微… Ⅱ . ①弘… Ⅲ . ①表情－心理学－通俗读物 Ⅳ . ① B842.6-49

中国版本图书馆 CIP 数据核字（2018）第 125337 号

微表情心理学

编　　者　弘　丰
责任编辑　贾　勇　王　迪
封面设计　余　微
责任校对　石　英
出版发行　北京燕山出版社有限公司
社　　址　北京市丰台区东铁营苇子坑路 138 号
电　　话　010-65240430
邮　　编　100078
印　　刷　北京德富泰印务有限公司
开　　本　880mm × 1230mm　1/32
字　　数　150 千字
印　　张　5
版　　次　2018 年 7 月第 1 版
印　　次　2020 年 4 月第 5 次印刷
定　　价　35.00 元

PREFACE
前　言

人生就像是一场化装舞会，每个人都用面具挡住自己的真实表情。站在你面前的他（她），是言为心声，还是口是心非？摘下他们的面具，看透他们的心声，一切秘密将尽收眼底。家人、朋友、同事、领导、客户，你觉得你很了解他们？不，那只是你的错觉！你若想真正了解他们，那就要从看懂他们的微表情和微反应开始。

与一般的表情和反应不同，微表情和微反应是无法伪装的。生活中，人们常常会有意无意地隐藏自己的想法、控制自己的情绪。一个人，可能因知识、阅历、能力等原因，能够在内心波涛汹涌的时候做到面不改色，明明很讨厌别人却可以表现出很喜欢，明明是在掩盖事实却可以让别人看不出。也许他（她）久经沙场很会掩饰，也许他（她）聪明机智善于装腔，但总有一些是他（她）无法控制的——表情、眼神、下意识的动作、生活习惯等等，这些就是微表情、微反应，是人自己无法控制的，更是装不出来的。因为微表情和微反应是人类作为一种生物，经过长期进化而遗传、继承下来的，是人类实现生存和繁衍的本能反应。为了自我保护和优质繁衍，微表情、微反应不受个人思想的控制，因此它最能够体现人内心的真实想法。再能“装”的人，遇到有效刺激之后的第一瞬间也会出现微表情和微反应，他（她）的“装”也只能是在那之后。因此，微表情、微反应是了解一个人内心真实意图的最准确线索。如果你观察到了真实的微表情和微反应，接着又看到了试图掩饰和造作的表演，那么真相已经摆在你的面前了。

微表情和微反应是人们内心情绪的一个“阅读放大器”，一张陌生的面孔下有什么样的情感表达，一个瞬间即逝的动作下有什么样的活动内容，都可以通过微表情和微反应尽收眼底。据生物学家和心理学家研究发现，人类的肉体和思想在生理上和心理上都是紧密联系在一起的，身体和精神就像是一个硬币的两面，互相影响、互为因果。当我们进行思考时，大脑会发生电气化学反应，头脑中的每一个想法都会以各种方式影响着我们的身体。而与之相反，任何发生在我们身上的事情也会影响我们的精神活动。所以，一个人的外表、姿势、动作和说话的语气，甚至是一个眼神、一个习惯，都在传达其内心的所思所想。正如古希腊哲学家苏格拉底所说：“高贵和尊严、自卑和好强、精明和机敏、傲慢和粗俗，都能从静止或者运动的面部表情和身体姿势中反映出来。”因此，微表情和微反应可以让面试官识别应聘者的职业素养，可以让下属了解领导的真实意图，可以让推销员洞察客户的心理活动……借由观察并解读他人的微表情和微反应，不仅能掌握他人当下的情绪与想法，对于其性格与行事风格也能推断一二。

在日常生活中，微表情和微反应对我们非常重要。如果我们错误地理解其含义，会让我们对交流对象形成错误的判断，这无疑增加了人们之间的隔阂，而不是相互信任；如果正确理解了其含义，我们就更能够从他人一闪而过的表情信号里发现有价值的信息，以此来准确地识别他人。这样，我们不但可以通过对方的面部表情、身体动作和语言变化等线索来识破对方的谎言，同时也可以了解到对方的真实想法与目的。

CONTENTS

目　录

MICRO EXPRESSION PSYCHOLOGY

第一章

眼神中隐藏的秘密

视线传递出的信息

俗话说，“眼睛是心灵的窗户”。目光传达的一些信息能透露人们解决问题的方法和关注细节的持久度，以及是否能够做到“实话实说”等。

琳·克拉森是美国社会心理学家，被人们称为“读脸专家”，她考察了性格和面部神情的关系，并进行了大量相关的实验，结果发现，人们很难隐藏或改变面部的细微变化，而这些变化最能透露我们的所思所想。克拉森表示，眼睛最能表露一个人的心理，眼睛睁大表示更愿意与人交谈，而眼睛深陷，眼神喜欢盯住一处的人则更加保守。“面部的一些细微动作和表情，能够很好地显示出对方的所思所想，所以下次与人打交道时，别忘了注意他的眼睛！”克拉森如是说。

我们先来了解眼睛的生理结构。眼睛是人类最重要的感觉器官，据估计人体对外部世界的信息获取至少有 80% 是通过眼睛来实现的，眼睛的意义当真非凡。尽管我们在日常生活中说了很多，也听了很多，然而我们在本质上仍然是视觉动物，在这个问题上我们与我们的近亲——猿类和猴子们，并没有太大的分别。所有灵长类动物都是以视觉为主的动物，它们的两只眼睛都安家在了头部的正前方，以便更好地通过视觉感知外部世界。人眼直径大约仅为 2~5 厘米，但与之相比，世界上最为先进的电视摄像机简直就是来自石器时代的破烂玩意儿。位于眼睛后方的感光视网膜包含着 137000000 个细胞，这些感光单元把外界的信息传递给大脑，告诉后者在我们的眼前究竟有些什么。

《孟子》中记载“存乎人者，莫良于眸子。眸子不能掩其恶。胸中正，则眸子瞭焉；胸中不正，则眸子眊焉。听其言也，观其眸子，人焉廋哉？”意思就是说：观察人的方法，没有比观察人的眼睛更好了。眼睛不能掩盖人们内心的丑恶。一个人心中正直，眼睛就显得清明；心中不正直，眼睛看上去就不免昏花。听一个人讲话，观察他的眼睛，这个人内心的好坏又怎么可以隐藏得了呢？

通过这段话，我们可以获知一个人的内心动向必然会反映在他的眼睛里。心之所想，不用言语，从眼神中就会找到答案，这是每个人无法隐瞒的事实。睡眼惺忪的人，眼睛表现模糊不清；而眼睛雪亮、目光炯炯的人，自然显得聪明伶俐。如果眼睛真的在笑，心也会随之轻松。满脸佯装微笑的证人，注意他的眼睛，会发现那是一双不安的眼睛，根本没有笑的神志。

通过有无视线接触可以判断出他对你有无好感或兴趣。不相识的人，彼此视线偶而相交，便会立刻撇开。如果一个素昧平生的人一直盯着自己，我们必定会感到不安，甚至觉得害怕。这是由于每个人被看久了，会觉得被看穿内心或被侵犯隐私权的原因。相识者彼此视线相交之际，即表示他们有意沟通心灵。但是，这种情况如果发生在女性之间，则可能有别的意思。心理学家的研究结果表明：当女性愿意把自己所想传达给对方时，多半会发生凝视对方的行为。日常生活中，对方若久久凝视你而不移开视线的话，很可能有什么心事要向你诉说。

视线交流中还可以判断双方的强弱。心理学家曾经做过一个实验，研究人们在谈话中，何时把视线移向对方。其结果表明，在谈话刚开始和即将结束之际，其比例有着显著的增加。首次见面时，先移开视线者，其性格较为主动。谈话中有意处于优势地位的人，也会先把眼光移开。一个人在谈话中是否能占上峰，在最初的 30 秒内就能决定。当视线接触时，先移开目光的人，就是胜利者。

希区柯克是世界著名的导演。因为他创作了很多经典的悬疑惊悚电影，所以被称为“悬念大师”。希区柯克曾经在片场说过这样的话：“对话要尽量简洁，那不过是从演员嘴里发出的声音，演员的眼神才是整段对话的灵魂。”

如同拍电影的镜头有全景、中景、近景和特写一样，人们在不同的社交场合或者面对不同关系的对象时，视线范围都会有所不同。

按照约定俗成的规则，视线落在对方眼睛水平线下，焦点集中在对方双眼与嘴巴所构成的三角区域，是标准的社交礼仪。这个视线范围适合于普通的社交场合，既不会使对方有疏远感，又不会给对方造成压力，有利于形成一种轻松友好的交谈气氛。

电影当中出现特写镜头时，往往给观众以强烈的印象。就像具有强烈视觉感受的特写镜头一样，当一个人把目光投射到对方前额的三角区域时，会使气氛变得紧张。因为这样的注视往往带有一种高人一等的意味，因此对人具有震慑作用，警察审讯犯人就是使用这种方法。这样的场面多出现在上下级之间，而且是上级对下级才能使用的方式。

最有意思的当属恋爱中的目光。当两个人初次见面时，视线范围是从脸部到胯部；当关系确定后，视线范围将达到腹部以上；随着关系的发展，双方凝视的焦点上移到胸部以上；而热恋中的情侣，就成了眼睛与眼睛的对视。如果一对男女刚刚相识就盯着对方的眼睛，除非两个人是一见钟情，否则一定会不欢而散。

除了视线范围，视线的角度和方向也可以传达一些有趣的信息。眼睛的注视方向或视线能反映出人的心情和意向。例如，在社交场合，地位不同的人，其注视方向就有明显不同，小人物总是倾向于注视大人物，而大人物则习惯于忽视小人物。比如一个和善顺从的小人物走进会场，他的眼光会先逡巡全场，然后盯住那些大人物瞧。每当谈笑、争议或表示个人意见时，小人物的视线总会瞟向大人物，以观察其反应；而大人物在谈话时则明显自顾自，只注视自己感兴趣的对象。不过在质问时，大人物会直视对方，而小人物则往往不敢回以正视，回答时视线不住地往下低垂或望向别处。

人的目光有很多种，而不同的目光后面往往会隐藏着不同的含义。以下是一些通过眼睛看人的小技巧：

一直盯着对方的女性，心中可能有隐情；

在言谈中，注视对方，表示让对方对自己所谈内容的注意；

初次见面时，先移开视线者，表示希望处于优势地位者；

被对方注视时，便立刻移开视线者，大都有自卑感或缺陷；

看异性一眼后，随即故意移开视线者，表示有着强烈的兴趣；

斜眼看对方者，表示对对方非常有兴趣，但又不想让对方识破；

翻眼看人者，表示对对方存有尊敬与信赖；

俯视对方者，想显示对对方的一种威严；

视线不集中在对方，很快移开视线者，大都为性格内向者。

目光斜视

在日常生活中，我们经常使用“目不斜视”来形容一个人态度严肃，举止端庄。但我们在人际交往中，经常会遇到这样一种人，他们的眼神方向与目不斜视恰恰相反，视线与脸的朝向总是出现一个夹角。从生理构造上，这个动作做起来并不舒服，可他们宁可“委屈”自己，也要斜眼看人。是什么原因驱使他们这么做呢？

俗话说，“相由心生”。一般来说，人的行为动作都是其心理状态的外在反应。视线方向就是行为动作的一种，因此不同的目光后面就有不同的含义。不仅如此，有时候同样的目光下还可以包含着不同的意思。但主要原因无外乎两个：一是因为这种视线状态，瞳孔在一侧而不在中间，和视线的左右转移外观相似；二是因为这种视线状态，映射了不愿意看的心态，和视线转移一样不够“诚恳”。不论是希望真诚的交流，还是受到意外刺激而寻找刺激源，都会出现头部的转动动作，让自己的面孔尽可能正面朝向被视对象。只转动眼睛而不转动头，直接映射了相对负面的心态。需要特别说明的是，这里说的“不愿意”，不光包括不愿意常规代表的厌恶和否定，还包括不敢看，怕对方发现才偷着瞄一眼，不屑等其他负面意愿。这可能造成侧目相视的情绪和心态，主要包括：得意、轻蔑、忧虑、厌恶。

既然斜视目光背后的心理可以是拒绝，可以是猜疑，还可以是轻蔑，到底对方斜眼看人的心理是哪一种表现呢？其实，这只不过是利用视线来表达想将身体也转过去的一种心理。在交谈过程中，如果你的朋友斜视你，那就意味着他没有重视你，或者是想离开你，起码是对你的话题不感兴趣了。如果人家对你扫视一番，然后发出笑声，这说明人家在讥讽你。回避视线的行为，就心理学而言，可视为自己不愿被对方看见的心理投射，亦即遮掩某事不想被对方知道。如果对方是斜视，这往往是对你不屑一顾，是对你的鄙视。

另外，我们可以积极运用这种“回避视线”的身体语言，也可以不必开口而将自己的意向传递给对方。在酒席等场合，想尽早结束无谓的胡扯、满腹牢骚以及欲拒绝对方要求时，上述手段很奏效。表面上是在随声附和，似乎在专心听话，实际上却利用眼神的转移，在心理上阻止对方继续说下去。总而言之，喜欢斜眼看人的人，大多不愿被人知晓心意。我们也可以利用这样的方法，间接地处理生活中的一些问题。

还有一种特殊情况，就是和异性视线相遇时故意移开表示关心对方。与男性相比，女性是偏向感性的，她们做起事来往往依靠直觉而非逻辑，因此容易比男性感情用事。她们的心理相当复杂而奇怪。

有些女招待一旦目光与男人相碰，便会立刻把视线移开，此时她们心里很不自在。胆怯的男性，立刻会显得呆板，心里想“她看不起我吗？”“我是否被视为不受欢迎的人？”原因当然不是这样，其实这是对方对你关心的一种心理反应。

如果公交车上上来一位年轻貌美的女性时，所有人的眼光几乎会集中在她身上。但是，青年男子往往会随即把脸扭向一旁。纵使他们对她有兴趣，但也只会偷偷斜视对方。这是由于他们想认识对方，又不愿让对方知道自己的心意的缘故。

行为学家亚宾·高曼博士认为：“瞄上一眼之后，闭上眼睛，即是一种相信，看你一眼之后，并不是把视线移开，而是闭上眼睛后，再睁眼望一望，如此不断反复，就是尊敬与信赖的表现。”

斜眼看人还有一种特殊的类型，就是翻白眼。这个动作不易伪装，如同斜眼看人，翻白眼属于比较复杂的眼球运动，做起来也很不舒服。当有人对你表示轻蔑和厌恶的时候，就会做出主动性的翻白眼动作。

注视中蕴含真情

人与人真正开始沟通和交流是从两个人彼此眼神相交时开始的。

在我们和陌生人交谈时，有的人会带给我们轻松愉快的感觉，有的人则会令我们感到不舒服，甚至还有人会让我们觉得难以信赖，不希望再交谈下去。很多时候，这些感觉的产生都是从眼神开始的，而且往往取决于对方注视我们的时间有多长，或者面对我们注视的目光对方有着怎样的反应等。

英国剑桥大学的科恩博士曾做过这样的实验：他将几张人物照片拿给不同的实验对象看，但是每张照片都只能看到眼部，眼睛以下的所有部位都被遮住了。然后，科恩要求实验对象根据他们所看到的照片，为照片上的主人公匹配合适的心理状态，比如“友好”“放松”“不怀好意”“忧虑”等；除此之外，实验对象还要判断照片上的主人公的心理活动，比如“渴望你的喜爱”或是“渴望其他人的关爱”等。如果从统计学的理论上来说，纯粹依靠猜测完成的试题，正确率应该是50%左右。但是这个实验所提供的25道题目里，男人们的平均成绩是答对了19道，女人们的平均成绩是答对22道，明显高于理论值。这个结果表明，不管是男人还是女人，对于别人目光所传递的信号，都具有很强的解读能力。

因此，当你与某人初次见面时，切记不能眼神呆滞，一定要通过眼神的交流，把正面的信息反映给对方。

在讲话时微笑着看着对方的人一般都是受人欢迎的。因为这种微笑表达了对他人的专注和热情。

阿盖尔是英国研究社会心理学和肢体语言技巧的先驱者之一。他在自己多年的研究中，发现欧美人在交谈时，平均有61%的时间会保持对对方的注视。其中，自己说话时注视对方的时间约占41%；聆听别人时，注视的时间则达到75%；当双方采用一问一答式的交流，彼此对视的时间约31%。根据阿盖尔的统计，人们每次注视平均2~95秒，对视则是1~18秒。

通过数据，我们发现人在交谈中目光相交的时间长短差异很大。最低的只占25%，而最高的可以达到100%！时间的长短取决于双方的熟悉程度、具体场合和文化背景。

在阿盖尔的数据中还可以发现一个有意思的现象。就是当两个人面对面交谈时，如果甲喜欢乙，那甲就会向乙投去注视的目光。这种目光可以传达自己对对方的喜欢，如果乙也对甲投以相同的目光，双方的关系就会更好地发展下去。

那怎样注视才是最有成效的？礼仪专家给出了正确的方式：面带微笑看着对方的眼睛，保持6~8秒，然后微笑着移开眼神。时间不要太长，太长会给对方带来压力；也不要过短，那样会被认为是敷衍了事。如果你希望和对方建立友好的关系，在谈话中就要向对方投以注视的目光。时间比例至少要控制在60%~70%。如果在谈话过程中，你畏首畏尾，不敢看着对方的眼睛，那你在对方心中的形象就会大打折扣，对方也会对你产生不信任感，你们的关系将很难继续发展下去。

因此，在交流中不要刻意躲避对方的视线。

目光交流不仅可以相互交换信息，传达彼此的看法，更重要的是能建立起相互之间的信任和理解。

注视中，谈话双方“看与被看”的关系颇为微妙。一般来说，在双方对视时，弱势的一方会先将目光垂下，这就等于将支配权让给了对方，让强势的对方有机会观察自己。在这种情况下，强势一方会借机发现对方的弱点，因弱势而逃避目光的人也就陷入了对自己更加不利的地位。

因此，如果你希望建立彼此对等的关系，绝对不能回避对方的目光。如果别人和你说话时，眼睛不看着你，只顾忙着手里的事或者东张西望，在这种情况下，他们要么是因被看而感到不自在，对自己的劣势感到不安，要么就是不希望你看穿他们的内心想法而刻意回避。在这种对视中，根据两个人注视彼此的时间长短，我们就可以轻而易举地看出谁是弱势的一方——那个总是回避对方目光的人。如果你想表现强硬，你也可以直视对方的眼睛。但这种眼神通常被认为不够友好，会让人产生压力。

打个比方，某公司在迁移到一座新建的硬件设施都很好的大厦办公后，员工的工作效率反而降低了，经营者百思不得其解。后来管理者经过调查发现，原来问题出在那些为了多方采光而设计的宽广的玻璃窗上，由于里面的情形被一览无余，员工觉得外边的人在一直盯着自己看，内心的不安全感造成了工作效率的低下。结果，这家公司只好用百叶窗遮住外面纷扰的情形，以维持员工的工作效率。

初次约会的青年男女，从相互间的目光交流中，就能知道对方对自己是否有好感。

在一般情况下，如果对方用炽热的目光凝视着自己的眼睛，那肯定是对自己有好感，甚至蕴藏着强烈的爱情。但凡事过犹不及，再炽热的凝视也要讲个分寸，如果长时间凝视对方的眼睛，往往会适得其反。

灵长类动物研究专家说："不论是人还是其他的灵长类动物，长时间地凝视对方就是在制造紧张气氛，意在恐吓对方。这种眼神往往是发动进攻的前奏。"因此我们去动物园猴山游览的时候，常常可以看到"请不要凝视猴子眼睛"的告示牌，这实际上是在提醒游客不要刺激猴子争强好胜的本性，以免发生"战乱"。在猴子自己的王国内，当两者的视线碰在一起时，地位低的猴子会立即避开视线，这已成为一条规矩。

这种情况在人类社会中也是一样。

美国曾经有人类行为学家做过这样一个相当有趣的实验，他让一些人站在十字路口，每当红灯亮时，就让他们用眼睛盯着停车线后面的司机或行人。结果绿灯一亮，这些司机或行人都尽可能快地逃离了现场。这个实验可以说明，人类本能地认为过分的凝视是一种威胁。

青年男女在初次交往时，如果女方经常很快地避开男方的视线，并且不好意思地低下了头，那就表示她对他有好感，但又唯恐他很快识破了自己内心深处的秘密。因此，可以说恋爱是从女方避开视线开始的。随着时间的推移，情侣之间的感情也愈来愈深，相互凝视的时间也悄悄地延长了。但是，你如果在第一次约会时就一直傻乎乎地凝视着对方的眼睛，一定会给对方留下极其不好的印象，对方不是当作你有病，就是认为你动机不纯。

如果一个人在和对方握手的时候，会目不转睛地凝视对方，此类人的真实目的是要表明自己的强势，使对方在心理上居于下风。

斯坦福大学曾经做过这样的心理实验：他们组织几名男生观看同一女性的 3 张不同视线的照片，照片上女子的视线分别是直视、俯视和斜视。结果，女子斜视的照片给人的印象最好，温文尔雅，含情脉脉；而其直视的照片则被理解为具有相当的挑战性，心地不善，令人相当不快；与直视的照片相比，俯视时的女子虽然显得呆板和懦弱，但给人的感觉要舒服得多。

通过调查结果，心理学家发现一个问题，对于那些接受凝视眼睛的被试者，他们的被排斥感比那些受到空洞目光凝视的被试者偏低。但微笑凝视并没有产生什么明显的效果。控制组的被排斥感介于放空组和被凝视眼睛的两组之间。很正常的，并不是所有的被试者都意识到了有人在和他擦肩而过时凝视他，但神奇的是他们的被排斥感都比受到无视的实验组低。

从这个实验，我们得到了一个有趣的结论，那就是被盯着看并不一定都会产生一种异样的感觉。每个人的内心深处都希望别人意识到自己的存在并得到别人的肯定。

盯着看可以理解为凝视的外在表现。一直聚精会神地盯着看，直到看得出了神。而从更深处来看，单纯的聚精会神不可能完全表达凝视所包含的深意。对未知的有兴趣的对象或对已知的热爱的对象，人们都可以凝视。从对前者的凝视中，人们得到欣赏美的快感；从对后者的凝视中，人们得到了深情的恰当表现。懂得凝视的人是懂得热爱的人。

解读陌生人的目光

一个人的视线可以从不同角度和不同的观点来了解。其一，对方是否在看着自己，这是关键；其二，对方的视线是如何活动的，对方直盯着自己，或视线一接触马上撇开，其心理状态是迥然不同的；其三，视线的方向如何，也就是观察对方是否以正眼瞧着自己，或以斜眼瞪着自己；其四，视线的位置如何，这是观察对方究竟是由上往下看，或者是由下往上看等；其五，视线的集中程度，这是指观察对方是专心一致在看着自己，还是视线缥缈，不知究竟在看什么地方等。这些表现所代表的意义是各不相同的。

对方是否在看着自己，亦即有无视线接触，说明对方是否对自己有好感或兴趣等。如果对方完全不看自己，便是对自己不感兴趣或无亲近感。相反，当我们在路上行走时，发现陌生人一直盯着我们，必定会感到不安，甚至会觉得害怕。

素不相识的人，从彼此视线偶尔相交的时候，便会立刻撇开。这是由于人们觉得，一个人被别人看久了，会觉得被看穿内心或被侵犯隐私权。当我们在等公共汽车，或站在影剧院卖票口排队买票时，多为背向后面的人，这种表现为人们所司空见惯，这样做，不仅是为了往前进，也是为了避免同不相识的人视线相交。最明显的例子是坐电梯的时候，绝大多数人进入电梯，都是立即面向电梯门，或者抬头望着天花板，或者低头看着地面，或者把目光投向电梯内壁上的说明书或者显示板上。即便偶尔有同乘电梯的人彼此目光相接，互相报以微笑，互相对视的时间也不会超过 5 秒。一旦超过这个时间，之前善意的微笑就会逐渐变得僵硬，这时候就产生了非难的意味。这些都是一个明显避免对视和交谈的动作。但也有面对面者，这些人多为亲朋或熟人。他们会彼此默许自己隐私权受到某种程度的侵犯，因此，他们偶尔会视线交错，便于相互言谈，心理沟通。综上所述，相识者彼此视线相交之际，即表示为有意进行心理沟通。

但若是这种情况发生在女人之间时，则具有不同的意义。因为，当女人不愿意把自己的内心体验传递给对方时，多半会产生凝视对方的行为。心理学家艾克斯莱恩等人曾做过人们对视的实验，实验结果表明，如果事先指示受测者“隐瞒真意”，在受测中，注视对方的比率，男人会降低，女人则反而提高。男人在未接到指示的情况下，其谈话时间内有 66~80％的时间在注视对方；但得到指示后，却只有 60~80％的时间在注视对方。至于女人方面，在接受指示之后，居然能提高到 69％的时间在注视对方。因此，当在公开场所遇见女人注视自己过久的时候，不妨认为她可能心中隐藏着什么，要注意她言不由衷的真相。

不同国家、民族对目光的态度也大不相同。在美国的公共场所，人与人擦身而过时的眼神有个不成文的规定：大城市的白人，在 5 米到 10 米之间时，要互相注视，如果是陌生人，瞥视一眼即可；如果是熟人，不打招呼被认为是失礼的。而黑人或乡镇的白人则没有熟人与生人的区别，一律互相问候。但在一些亚洲和拉美国家，如果长时间凝视对方，就会惹上麻烦。因此，注视的时间一定结合具体的地区和风俗传统来调整。如果实在不清楚，就模仿主人的目光或者点到为止。

另外，大家一定要分清注视和瞥视的区别。首先在态度上，两者就有很明显的区别。前者是积极主动的，而后者则是消极被动的。举个最简单的例子，在海滩或游泳馆里，穿着五颜六色的比基尼的姑娘大都希望自己得到异性的瞥视，如果没有人看自己，会产生失落感，可如果有人一动不动地盯着自己，她们就会觉得对方非常无礼，甚至有性骚扰的倾向。因为在传统习惯中，男子是不能长时间注视陌生女性的。

通过眼神辨谎言

一般来说，说谎的人因为内心发虚，因此在说谎时会尽量避免和别人眼神接触。例如小孩子说谎的时候因为心虚，所以脸庞发红，眼神闪烁，飘忽不定，目光经常往下看。但“经验丰富”的成年人说谎可就没那么容易看出来。一些说谎者可以盯着对方的眼睛，甚至伪装出一副坦诚无比的样子目不转睛地盯着你，脸不红心不跳地说谎话。

那我们该如何识别对方是否诚实呢？美国著名心理学家大卫·李伯曼教授发现，对大多数人来说，当人们的大脑进入记忆搜索状态，也就是回忆某件真实存在的事情时，眼睛会先向上、再向左转动。而如果当一个人尝试去“构建”一个画面情况，也就是编造谎话时，眼球的运动恰恰相反，会先向上、再向右转动。

因此，如果你想打探对方是否说谎，不要问他“你说的是真话吗？”这类不需要回忆或者非常简单的问题。因为此类问题无需回忆，即使对方说了谎话你也无从判断。这时你可以问一些必须要回忆才能想起来的细节问题，比如“那天你在路上遇到了哪些人，和他们说了些什么”。如果对方不经思考就看着你的眼睛马上回答，说明他在讲述一个已经编好的谎言；如果他的眼睛先向上、再向左转动，说明他在回忆真实的情况；如果眼睛先向上、后向右转动，说明他正在编造谎言，准备骗你。

很多人在撒谎的时候会把脸转向一旁，眼神闪烁不定。为了验证这一点，科学家们做了一组实验。他们安排实验对象在交谈过程中向对方撒谎，并且把整个交谈场面录了下来。然后，在交流研讨会上，科学家们让与会者观看这些录像，并且指出他们所识破的谎言。

最终结果让专家们大吃一惊，撒谎者的表现与他们预想的不太一致。大约只有30%的撒谎者在撒谎时眼神游移，这部分撒谎者的谎言也最容易被识破，约有80%的谎言都被研讨会成员指了出来，其中女性的成功率比男性更高一些。其他70%的撒谎者在撒谎时都目光坚定地看着那个可怜的受骗人，或许他们知道左顾右盼的表现会招致怀疑，所以采取反其道而行之的办法避免被识破。他们的做法的确是对的，在这部分撒谎者当中，平均只有25%的谎言被识破，其中男性识破谎言的成功率仅有可怜的15%，女性则是35%。在辨别声音的变化、瞳孔的扩张以及其他线索方面，女人的直觉都要远远强于男人。

在别人和你交谈的过程中，如果对方与你目光相交的时间超过2/3，一般意味着两种可能：第一种可能是，他觉得你十分风趣而有魅力，如果是这样的话他的瞳孔会扩张；第二种可能是，他对你怀有敌意，或是向你传递挑衅的信号，在这种情况下他的瞳孔会收缩。正如我们常常提到的那样，女人非常擅长解读瞳孔信号，所以她们能够区分出对方到底是好意还是歹意。但是，男人们在这一方面实在不如女人。这也就是为什么大部分男人无法根据女人脸上的表情判断她们的心情，甚至不知道女人是打算给他们一个甜蜜的吻，还是一个狠狠的巴掌。

长久以来，人们心中有一个误区，就是撒谎都是男人做的事。其实，撒谎不是男人的专利，女人们有时候撒起谎来要比男人还要难以辨别。女人撒谎时，不但不会转移视线，相反还会长久地凝视对方。而女人这种镇定自若的眼神，往往会使对方信以为真。

MICRO EXPRESSION PSYCHOLOGY

第二章

你的情绪全在表情里

常见的面部表情

人与人见面时，最先注意对方的器官就是面孔，而面孔是通过表情来传递信息的。一个没有经过任何训练的小孩子画一个人的时候，一定会先画出这个人的脸。如果让幼儿按照自己的想象力画外星人，虽然最后的结果可能奇形怪状，但这个“怪物”一定少不了头，即便没有头，也会有其他部位来替代面孔。的确，再没有什么比人的面部表情更能透露内心想法的部位了。关于人类表情的来源，自从达尔文的进化论诞生之日起，就有了表情是进化来的还是受文化影响而产生的争论。

保罗·艾克曼，是美国著名的心理学家，主要研究脸部表情辨识、情绪与人际欺骗。1991 年获美国心理学会颁发的杰出科学贡献奖。在 40 年研究生涯中，他曾研究新几内亚部落民族、精神分裂病人、间谍、连续杀人犯和职业杀手的面容。FBI、中情局、警察、反恐怖小组等政府机构，甚至动画工作室也常常请他当情绪表情的顾问。在 20 世纪 60 年代，艾克曼曾经把一些白种人的照片带到新几内亚一个与世隔绝的部落。当这些土著人看到照片时，准确无误地指出了照片上人物的表情和心情。通过多年对东西方不同人种的追踪调查，艾克曼证实人类有六种与生俱来的基础表情：喜悦、悲伤、恐惧、愤怒、厌恶和惊讶。

喜悦：笑容被称为基础表情里的基础表情。笑容涉及到的部位主要包括眼睛、嘴和脸颊。人们高兴时，嘴角会翘起，面颊上抬起皱，眼睑收缩，眼睛尾部会形成“鱼尾纹”。如果是大笑，还会产生从唇角外部一直向上延伸至鼻翼的笑纹。

悲伤：嘴是最能表露悲伤情绪的器官。当一个人伤心难过时，嘴角下垂，下巴抬起或收紧，同时会出现眯眼、眉毛收紧、眉端上扬的表情。双眉之间，鼻根及双眼会呈现出一个三角形。

恐惧：害怕时，双唇会紧紧地向后拉伸，眼睛张开，瞳孔收缩，眼白增多，下眼睑紧绷，眉毛上扬，鼻孔张大。

愤怒：这时眉毛下垂并向内紧缩，眼神冷酷严峻好像突出来一样，前额紧皱，眼睑和嘴唇紧张。

厌恶：厌恶的表情主要反映在人的眼睛里面，眼睛会眯起来，其他表情包括嗤鼻，上嘴唇上抬或者下嘴唇下拉，眉毛下垂。

惊讶：惊讶时，下颚下垂，嘴唇和嘴巴放松，眼睛睁大，眼睑和眉毛微抬，额头的皱纹会形成波状并横向分别在额头。

通过一个人的面部表情可以看穿一个人的心理，因为每个表情的后面都隐藏着对方的学识修养和生活经历。观察一个人的表情，不是简单指对方的相貌，更多的是变化。而表情既包括静态，还包括动态。艾克曼的另一项研究表明，有些一闪而过的表情，即“微表情”，常常在别人毫无思想准备时，就迅速从其眼皮子下溜走。“微表情”最短只持续 1/25 秒，虽然这个下意识的表情可能只持续一瞬间，但人的情绪很可能就是在这一瞬间暴露给对方。一些破获刑事案件或恐怖行动的专家就是通过对方转瞬即逝的“微表情”来获取信息的。

研究人类表情是一门复杂的学问，通过系统专业的学习，可以有效地识别面前的人，不仅如此，还可以提升自己的魅力，掩饰自己的情绪。

惊讶情绪下的人

在前面的章节中，我们是把五官分割开来，各自分析。从这一章开始，我们将把五官的动作结合到一起，综合性地讨论各自基础情绪和非基础情绪，以便大家更高效更准确地识别对方的心理。

惊讶是动物界普遍存在的。当动物感受到外界刺激源的时候，会在瞬间停下所有的动作，把注意力集中在刺激源上。任何动物，哪怕是处于食物链顶端的猛兽，也会有面对危险的时候，为了自身和种族的安全，动物对于外界的风吹草动都格外警惕。惊讶的表情是所有表情中速度最快的，很多时候都是转瞬即逝的。之所以这样，是因为要对刺激进行最快的分析。一些自然灾害，例如闪电、地震、雪崩、泥石流，等等，都不会给动物留出思考的时间，如果反应过慢，后果可想而知。

因为惊讶中往往有恐惧的成分，所以人们有时候会把恐惧当作惊讶。惊恐虽然经常连用，但仔细划分的话，惊与恐还是有区别的。惊讶是最简短的表情，结束后经常连痕迹都没有，而其他的表情如恐惧却会“心有余悸”。

如果区分不好，不妨观察一下对方的眉毛和嘴部。一般来说，一个人如果嘴唇放松，眉毛自然不扭曲，那此时他应该没有害怕，只是惊讶而已。

能够引发这种程度惊讶表情的刺激源通常会非常强烈。惊讶的表情是这样的：额肌收缩，双眉提升幅度很大，如果是上了年岁的人，前额松弛的皮肤还会产生皱纹；上睑提肌收缩，在额肌收缩的共同作用下，使上眼睑大幅提升，眼睛睁大，露出虹膜上缘的眼白部分；嘴巴不由自主地张开，并快速吸气；嘴唇表面皮肤不会变紧，嘴角不向两侧拉伸，只有下唇在下颚的带动下自然向下轻微张开。

从面部肌肉开始收缩，到收缩程度最大期间的持续时间都是瞬间完成的，内心中真正感到惊讶的那一瞬间约持续 1/4 秒。一旦收缩到最大不再继续增大时，表示内心中真正的惊讶情绪已经消失，之后的面部表情形态保留，是对方有意识地表达自己的惊讶给其他人看，通常作为一种符合当时情境的反馈方式。在惊讶的同时，身体的其他部分则静止不动。

为什么在受到意外刺激的一瞬间，会有这样的面部肌肉动作呢？科学家给出了答案：额肌和上睑提肌的共同收缩，作用是使眼睛睁得很大。眼睛睁大表面上讲的是眼皮之间的间隔增大，实际含义是眼球暴露的部分增大。惊讶的眼睛就符合这个含义，连平时“不见天日”的虹膜上缘的眼白都会露出。而放松的情况下，人的虹膜上缘会被上眼睑遮住 1/4 左右。眼球露出这么多，是眼睛为了获取更多光线射入的本能反应。在黑暗中或者弱光环境下还没有适应过来的时候，要想看清楚某个东西，自然会睁大眼睛，而不是像在有光环境中那样眯紧眼睛用力看。因此，睁大眼睛是为了看得更清楚，获取尽可能多的视觉信息，帮助判断刺激源的性质和潜在影响。而眉毛的抬高，则是一种附属结果，目的也是为了配合睁大眼睛。因为，如果单独使用上睑提肌来提升上眼睑，不但吃力，而且并不能使眼睛睁到最大。如果得到额肌的配合收缩，会让睁大眼睛的动作变得轻松而高效。

至于嘴巴张开快速吸气，是因为在受到意外刺激的那一瞬间，人并不能判断出刺激源是好的还是坏的，会不会有什么危险。就如同开车远行前要备足食物和燃料一样，人类经过百万年进化积累下来的经验是先吸足空气以储备好能量。当迅速对刺激源判断后，如果刺激源是负面的，就逃跑或者战斗，这样的行为需要消耗大量的体能，即使表面不动声色，脑子里面也在反复思考逃离的路线或者战斗的姿态；如果刺激源是正面的，要么静观其变，要么通过行动来表达自己的喜悦之情。科学家通过实验也证实了人在受到惊吓时，用嘴呼吸是成本最小、效率最高的储能方式。

对于嘴部吸气的这个运动，达尔文的观点是：当动物突然注意到什么事情时，身体的其他器官会被大脑暂时忘记和忽视，而下巴的自身重量会带动下颚下垂，嘴自然就随之张开。这个猜想已经被现代科学理论否定了，因为机体在丧失意志的情况下，下巴并不会自然垂下，这是由上下颚的骨骼和肌肉结构决定的，张嘴肯定是有意识的运动。但是达尔文的理论却为后人指出了一个研究的方向，而且早在百余年前就注意到了如此细微的表情特征，其功绩是不可磨灭的。

另外，一个人的口型最能表露他是否惊讶，而口型的大小又能反映出他的惊讶程度，人越惊讶，嘴就张得越大。真正的惊讶表情都非常短暂，那些伪装出的惊讶会因为表演得过于逼真而拉长时间，反而会弄巧成拙。

愤怒情绪下的人

按照正常的习惯，歇斯底里的爆发和严厉的逼视之间，会有很大的不同，但是在一定的条件下，却可以让人产生相同的恐惧感。这是因为在所有愤怒的表情中，都具备一个相同的特征：进攻趋向。怒吼的进攻、露齿的威胁、紧闭双唇的严厉以及犀利目光的逼视，都可以归为愤怒情绪的不同表现。我们将从上到下逐渐分析愤怒表情中眉、眼、鼻、口的变化，从而全面而系统地掌握愤怒的微表情形态特征和典型表情特征。

眉眼间的愤怒。前文说过，双眉下压是愤怒表情的一个显著特征，出现在绝大多数愤怒表情中。达尔文的理论认为，眉毛下压表示遇到麻烦。他推测在史前社会，这个动作可以在注视困难的时候减少眩光，随后演变为遇到任何困难的习惯动作。的确，双眉下压经常会出现在厌恶、困惑、为难、深思甚至用力的表情中。

但是，遇到麻烦这个说法有些偏向客体，因此我们将达尔文的理论从偏主体感受的角度更正为：双眉下压表示严重关注。

但仅仅是双眉下压，尚且不能确定一个人正处于愤怒形态，还需要伴随着眼睛睁大。双眉下压再加上眼睛睁大，这就会形成怒视，怒视是愤怒表情的关键形态特征。

所谓怒视就是指上眼睑提升，下眼睑绷紧。虽然上眼睑会在眼轮匝肌的收缩作用下向下闭合，同时在上睑提肌的作用下睁大。因此，上眼睑在一上一下两股相反的力量作用下出现相互挤压的情况，继而改变了上眼睑的正常形态，形成一道褶皱重叠。

人在正常状况下，虹膜的上半部分会有 1/4 被上眼睑盖住。但是在愤怒的表情中，由于上眼睑的大幅提升，会露出较大面积的虹膜上缘。在上眼睑被强力提升的同时，下眼睑会因眼轮匝肌的收缩而提升、变直并绷紧，使愤怒状态下的表情看起来更加有力。

当双眉下压、上眼睑提升和下眼睑绷紧三个因素同时出现的时候，愤怒的表情就顺理成章地出现了。当然，这里所说的是理论中的愤怒表情，现实的表情不一定面面俱到。在现实生活中，通过眉毛的形态、上眼睑的皮肤褶皱、紧绷的下眼睑和怒吼的嘴，我们就足以判断一个人正处于愤怒状态，即便对方没有睁大眼睛。眼睛的大小或虹膜暴露的多少不是观察时最重要的因素，而应该注意眉毛与眼睑的动态组合。

经过前面的对比分析，我们可以推导出眉眼形态对于表达愤怒具有重要的意义：眉毛强烈下压，上眼睑大幅上提，上眼睑皮肤出现褶皱纹，虹膜上缘部分露出更多，下眼睑绷紧变直。愤怒的程度越强烈，眉毛和上眼睑缘之间的距离越短。如果愤怒的程度降低，眉眼的肌肉运动程度也相应减轻，从而构成幅度减弱的愤怒眉眼形态。由于双眉下压、皱紧，上睑提肌收缩时的提升力量能够部分对抗眉毛的压力，使眼睛睁开得更大，但毕竟还是会受到眉毛下压的阻力，因此形成皮肤堆积起来的褶皱。当压低的眉毛和瞪大的眼睛共同出现的时候，就可以形成怒视。双眉下压，上眼睑提升，下眼睑绷紧，紧闭的嘴是经典的愤怒表情面部特征。如果一个人脸上长期保持着上述某种特征，就会给他人造成不易相处的感觉。

上眼睑的上提和下眼睑的紧绷，在眼球和头没有任何移动的情况下，让人感觉视线有力，形成怒视。反过来，如果上眼睑的肌肉不再收缩而恢复正常，上眼睑不再明显上提，下眼睑也恢复松弛的时候，即使脸上还保留着愤怒的其他特征，如双眉下压、紧闭双唇，也会让原本的愤怒消失殆尽。因此，愤怒表情的必要形态特征，是上眼睑提升和下眼睑紧绷。缺失了这个必要特征，就可以断定没有愤怒情绪。这组眼睑形态特征，就是愤怒的微表情形态特征。

除了眉毛与眼睑的肌肉，人在愤怒的时候还会“调动”提上唇肌和上唇鼻翼提肌。虽然这两组肌肉的直接作用是提升上唇，但也会间接地影响鼻子的形态，即鼻翼向上提升，鼻孔张开，鼻翼两侧形成深沟纹。与此同时，脸颊也会轻微隆起。

有的人在愤怒时，还会做出紧闭嘴唇的动作。在紧闭双唇的愤怒表情中，嘴部形态直接取决于三束肌肉：口轮匝肌、降口角肌和颏肌。这三束肌肉有一个共同的作用，就是使嘴唇合拢。用来张开嘴唇的提上唇肌和降下唇肌在闭嘴的动作中则没有参与。

表达否认或负面情绪时的撅嘴动作，是颏肌和降口角肌共同收缩的结果，口轮匝肌保持松弛。如果口轮匝肌也参与收缩，则会增加嘴唇闭合的力度，轻则表示不高兴，重则使本来的否认意义更加强烈，于是就变成了愤怒。

如果没有习俗或制度的限制，人类在愤怒的时候，也许也会像动物那样对刺激源发出怒吼，并可能伴有肢体进攻动作。就像洪水需要河道来疏导，因愤怒情绪而被汇聚起来的巨大能量，总要有个渠道来消耗掉，才能取得身体下一步的平衡。但生活在文明社会里的人从小就潜移默化地接受各种各样对于负面情绪的禁忌，其中就包括了愤怒。

在现代社会的交往过程中，除了对自己的亲人或者搏斗的敌人之外，普通人即使生气了也不会像动物一样吼叫，更多的情况下是紧闭双唇，憋一口气。可是，在对峙的状态下，忍气吞声就相当于怀揣一枚不定时爆炸的炸弹。这种状态下的人能让对方感觉到随时爆炸的危险，因此会更具震慑力。就如同那句唐诗“此时无声胜有声”一样，只要事情的结果还不清晰，这种潜在的威胁就会起到压迫作用，比大吼更让对方害怕。在《教父》系列电影中饰演老年柯里昂的马龙·白兰度和青年柯里昂的罗伯特·德·尼罗在影片中从来没有发过火，但他们那紧闭双唇的表情却足以令银屏内外的所有人都不寒而栗。如果紧闭双唇的同时再配合上标准的眉眼组合，面孔看起来就是异常愤怒的样子。

人在愤怒时有时候会做出憋气的表情，这个表情是由三束控制嘴部的肌肉完成的，其嘴部形态很有特点：上唇提升，鼻翼提升，鼻翼两侧出现沟纹；下唇顶上，与上唇紧紧抿在一起，嘴唇变薄，拉伸成直线，下唇突出；下巴位置的肌肤隆起且不平坦；嘴角下垂严重，和抿嘴微笑的时候恰好相反。这种形态可以简称为憋气嘴，是愤怒的真实形态，很难伪装。

这个憋气的愤怒表情，除了嘴部形态外，面孔上的其他肌肉形态还有：皱眉肌收缩，眼轮匝肌收缩，使双眉紧皱并下压；上睑提肌收缩；眼轮匝肌收缩，使下眼睑绷紧并轻微向两侧拉扯；口轮匝肌收缩，使双唇闭合；降口角肌收缩，使嘴角向下弯曲；颏肌收缩，在下巴上形成表面凹凸不平的肌肉隆起，同时使下唇上移。当然，这种嘴部形态却不能单独作为愤怒的微表情形态特征，因为虽然这个憋气嘴的形态是常见的愤怒表情组成部分，但偶尔也可能出现在其他情绪中。

恐惧情绪下的人

人类只有在面对危机的时候，才会出现恐惧的表情。恐惧表情包括三项最基本的特征：眉头聚拢并上扬，眼睛睁大，嘴张开。恐惧的表情有时候与愤怒的表情相似，因为两种表情都会皱眉、瞪眼、张嘴。如果单纯从字面上看，两种表情的确相似。可仔细分辨，就会发现两者的差异：恐惧的眉头是上扬的，而愤怒中的眉头则是向中间或下方皱紧的。这就是所谓的“8：20”眉形和“10：10”眉形的区别。因为恐惧的眉头会向上皱起，会在前额中部形成倒U形细纹；恐惧和愤怒时，人都会将上眼睑尽力提升。这是因为在面对具有威胁的负面刺激源时，无论是在想要战斗的愤怒时，还是在想要逃跑的恐惧时，都要尽可能看清刺激源。但是，由于眉毛用力方向的区别，导致上眼睑皮肤上挤压形成的褶皱角度有所不同。有的人在恐惧时会看不到明显的眉头上扬，眉毛仅仅显示为水平状态，但可以通过观察上眼睑的皮肤褶皱来间接地判断对方的眉头是否上扬。虽然两种表情都是张开嘴，但仔细观察嘴张开的宽度和高度可知，二者存在细微差别。恐惧的口型是无法发出具有威胁性的声音的。因为口型不同，引发的鼻唇沟形状也完全不同。由此可见，虽然表面上整体相似，但由于存在种种细微的差别，就会导致两个表情表意完全不同，这也是微表情的奥妙所在。如果能够将一张面孔上的表情进行拆解，找到其典型形态特征和必要形态特征，去伪存真，就可以准确地直触对方内心的真正状态。下面我们来了解一下恐惧表情的肌肉运动和形态特征：皱眉肌收缩，双眉向中间皱紧，形成纵向皱眉纹；额肌中束收缩，向上提升两侧眉头，在额前形成倒 U 形皱纹；上睑提肌收缩，试图提升上眼睑，但因为眼轮匝肌和皱眉肌的反向运动受到抑制，在上眼睑的皮肤上形成对角线褶皱。如果不受到抑制的话，可以分析出虹膜上缘会全部露出；提上唇肌和上唇鼻翼提肌共同收缩，提升上唇，露出上齿；颈阔肌收缩，将嘴角向两侧拉开，使嘴的水平宽度比正常状态更大；降下唇肌收缩，将下唇向下拉低，露出部分下齿。

如果看过后文将要讲到的悲伤表情后你会发现，其实，恐惧的表情是惊讶和悲伤两种表情的结合体，恐惧可以理解为惊讶后预支的悲伤。因为恐惧是被刺激源的压倒性威慑力震慑而不敢抵抗，同时还会悲观地认为最坏的结果即将发生，因无力还击而束手无策。当那个最坏的结果发生后，表情就会由恐惧就转为悲伤。因此，我们再来比较一下恐惧表情和前文讲过的惊讶表情，两种表情的区别如下。

眉形的区别。惊讶的眉形是单纯上提，眉形的整体形状不变。恐惧的眉形是向中间皱紧，眉头上扬，眉毛呈扭曲形，额头有明显的皱眉。惊讶的那一瞬间，还没有对刺激源的性质做出判断，随之而来的可能是积极的，也可能是消极的；而促使恐惧情绪产生的刺激源必然是消极的甚至关系到生死存亡，总之是非常需要集中注意力去应对的信息。因此还会在做出上扬眉毛动作的同时，不由自主地加入皱眉肌的运动，使眉头紧皱并向下压。凡是眉毛下压，都表示对刺激源强烈关注。于是恐惧的眉毛形态就比惊讶的眉毛形态要复杂一些。既要向中间紧皱，以表示紧张和压力，又要提高来帮助眼睛获取更多的视觉信息。所以，恐惧的眉型要比惊讶的眉形复杂很多。

眼睑变化的区别。惊讶的眼睑是自然向上睁到最大，露出虹膜上缘，甚至可以露出上方的眼白。恐惧的上眼睑也试图睁大，却因为受到眼轮匝肌和皱眉肌对眉毛的反向影响，一道褶皱改变了眼睑整体形态，但还是能看出虹膜的自然暴露程度。前面已经说过，睁大双眼的原因是为了快速接收尽可能多的视觉信息。人在恐惧时，精神会高度紧张并对周围的环境变化变得非常敏感，整个神经系统都在应对随时可能出现的威胁。精神的集中会通过睁大眼睛来表现，如果刺激源足够恐怖，眼睛会在一瞬间睁到极限。就像前文说的，嘴张得越大就是越惊讶，如果眼睛睁得越大，人的内心就越恐惧。从这一点上讲，恐惧的眼部特征与惊讶和愤怒相同。同样是恐惧情绪引发的表情，当刺激源不是那么强烈，比如担忧或者不安时，眼睛通常不会睁得很大，虹膜上方的眼白也不会露出。因此，想知道一个人是否恐惧，只留下眼睛进行观察即可。

嘴型的区别。人在惊讶时上唇没有提升的动作，下唇会随着下颚的自然垂落而张开，以便于通过吸气来储备能量。但在恐惧时，嘴角被颈阔肌向两侧大幅拉开，下唇也不仅是随着下颚的垂落而打开，还会在降下唇肌的作用下被拉伸，露出部分下齿。这种出于呼吸储能的需求而做出的动作，与我们害怕的时候全身进入紧张状态——肌肉战栗、皮肤绷紧、血液循环异常的性质相同。恐惧的瞬间，因为还保持着对刺激源的警觉，对悲惨的结果还不确定，所以眼睛不会闭合。至于像恐怖或灾难电影中那种紧闭双眼的反应，其实是因为人物心里意识到了最坏的结果已经发生，从惊恐到悲伤的过渡。至于惊声尖叫既是为了缓解内心压力，同时也是震慑刺激源的方法。

厌恶情绪下的人

达尔文在《人类和动物的表情》中提到，厌恶是一种极其特殊的感觉，这些都是由于某种可厌的事物引起的。人的表象系统一旦接收到自身厌恶的事物，就会产生“阻断”，力求不看、不听、不闻等对当前事物反感的行为。

当一个人面对讨厌的人或事物时，身体会出现呕吐的类似反应。而厌恶的表情就是源自呕吐的行为。为了把嘴张到最大，除了下颚向下打开之外，人还会本能地提升上唇。提升上唇会用到提上唇肌和上唇鼻翼提肌两束肌肉。需要注意的是，这两束肌肉不能单独运动某一束，行动总是“步调一致”。两者的不同之处在于，提上唇肌更容易控制，而位于鼻梁两侧的上唇鼻翼提肌则通常由强烈的情绪自发控制。因此，在特别强烈的厌恶表情中，上唇鼻翼提肌会起到主导作用；在普通程度的厌恶表情中，提上唇肌起主导作用。

达尔文在书中还提到“因为厌恶的感觉最初由于联系到吃食或者尝味的动作而发生，所以这种表情应当主要是由嘴的周围肌肉的动作所构成”。通过达尔文的描述了解到，上唇的上升，是为了把难吃的食物吐出来或呕吐出来，所以上唇上升是厌恶中本能的反应。当牙齿不动、下唇没有上推的时候，上唇上升会使上排的牙齿露出，这是判断上唇有没有上升的好依据。

除了张嘴，呕吐动作还会引起一个本能的联动反应——闭眼。闭眼需要眼轮匝肌收缩，与隆起的脸颊共同挤压眼睑，从而造成强烈闭眼动作，形成下眼睑下方的弧线纹路。眼轮匝肌的收缩，一方面可以避免因呕吐而造成的内压升高伤害眼球的情况，另一方面也可以在一定程度上减少刺激源带来的负面视觉刺激。需要注意的是，眼轮匝肌的收缩，不是刻意的动作，而是呕吐时的自然反应。这些由呕吐动作的生理需求调动的肌肉运动，最终形成了厌恶的表情。当一个人极度厌恶的时候，会在呕吐的原始表情基础上，紧紧闭上嘴唇，眼睛和眉毛则保持原状。这个表情仿佛是闻到了什么让人恶心且不断逼近的臭味。闭眼、皱鼻、合唇，以便禁止一切负面的信息进入身体。

每种不同程度的厌恶，都会有不一样的表情。随着刺激源的力度从大变小，厌恶情绪还会有不同程度的衍生。

如果刺激源的力度很大，人的反应就是厌恶到了不得不远离的地步。但与愤怒不同，强烈的厌恶并不代表有改变或消灭刺激源的欲望，单纯是极度讨厌，避免和刺激源近距离接触。

如果刺激源的力度是中等的，人的反应则是轻蔑。轻蔑总体上表达了行为人对刺激源自上而下的排斥感。虽然也是排斥，但心态轻松很多，不需要消耗很多精神来应对。

如果刺激源力度很弱，人的反应就是不屑。不屑就是完全的轻视，除了看不起之外，根本就不用花力气来加以排斥。而“不屑一顾”则表明当人的态度是不屑时，往往连看都懒得看。这是最轻微的一种厌恶衍生情绪，有时候还会和笑容连在一起，即嘲笑或冷笑。

综合上述分析，我们可以总结出厌恶情绪及其下属的三个衍生情绪的含义，那就是否定。其中既有用力的否定，也有轻松的否定。所以，应用到心理测试的过程中，如果你观察到了被测试人表现出厌恶类情绪的表情特征，如厌恶、轻蔑或者不屑，就可以直接得出结论：被测试人对刺激源的信息持否定态度，严重的拒绝接受，不严重的则懒得回应。

悲伤情绪下的人

极致的悲伤——痛哭。哭是悲伤情绪的最典型反应。简单地说，就是当坏的结果发生，可又没有办法去改变境况，结果就是悲从心生，用哭来表达难过的情绪。

婴幼儿在遇到诸如饥饿、疼痛、恐惧这样负面刺激的时候，本能的反应就是大声哭叫，因为这样可以引起大人的关注，从而保护自己。在婴儿的哭喊中，声音大是至关重要的因素，因为声音大就会有更大的可能会被父母重视。

当成年人因悲伤而痛哭时，眼轮匝肌和皱眉肌的共同作用会使双眉下压，眉头间出现纵向皱纹。但额肌中部收缩，轻微向上提升眉头，整个眉形趋平，在内侧大约 1/3 处呈现出扭曲向上的眉形。需要注意的是这种扭曲的眉形也会出现在恐惧的表情中，但因为悲伤时眼轮匝肌收缩，眉毛变形的程度要比恐惧表情中更加严重，因为恐惧的表情一定要配合眼睑的睁大，而悲伤的表情则因为眼轮匝肌的收缩有闭合动作，这是二者最大的区别。

眼轮匝肌的收缩，会使眼角内侧挤压出皱纹，在眼角外侧形成鱼尾纹。眼轮匝肌收缩和部分皱眉肌收缩，共同形成紧闭的眼睛，而哭得越剧烈，眼球周围的收缩就越紧；提上唇肌收缩，在提升上唇的同时，与眼轮匝肌共同使脸颊位置提高，隆起的脸颊与下眼睑相互挤压，形成下眼睑下方的凹陷区域；颈阔肌的收缩使嘴角向两侧拉伸，使嘴的水平宽度比平常增加。

降口角肌收缩，向下拉低嘴角；降下唇肌同时收缩，将下唇整体下拉，试图露出下齿；颏肌收缩，将下嘴唇中部向上推起，并在下巴上形成表面凹凸不平的肌肉隆起。下嘴唇中部的推起将原本可以露出的部分下齿遮住，两侧嘴角处还保留向下，因此能够露出嘴角位置的下齿。下嘴唇曲线呈 W 形。这个口型是痛哭表情独有的，对于发出尖利、流畅、洪亮的声音最为适宜。

哭喊状态时的嘴比放松时的嘴的水平方向更宽，这是由颈阔肌的拉伸引发的。梯形的唇形来自上唇的提升和下唇的侧拉，嘴唇的边缘因为被绷紧而变薄。上唇的提升会造成脸颊同步提升，除了鼻唇沟外，结合降口角肌在嘴角下方形成的皱纹，还会产生一道从鼻子到下颌的纵向纹路。因为哭的动作比较复杂，所以很难伪装，而刻意做出的咧嘴动作，没有哭喊时张得大，另外，痛哭时眼睛的紧闭程度同样也是无法逼真模仿的。实际上，人在痛哭时的情绪释放会调动很大的能量，会自然形成五官之间的相互匹配，而这种协调性则是最难伪装的。

根据刺激源的不同，悲伤的程度也有不同的等级：号啕大哭、哭、抽泣、"默默无语两眼泪"、悲伤、委屈、忧伤等。在最饱满的痛哭状态下，表情形态特征很清晰，容易辨认，但在其他减弱的各个等级中，眉毛、眼睛和嘴巴可能会出现不易察觉的形态特征。

闭着嘴痛哭与标准的放声痛哭相比，闭嘴哭表现了自我抑制。除了嘴部变化明显外，额肌进一步收缩，将眉头向上提拉；皱眉肌的收缩导致眉毛向中间聚拢；眼轮匝肌收缩造成双眉下压、眼睛紧闭。闭着嘴的抽泣与闭着嘴的痛哭很相似，明显的差别仅仅在于眼睛的闭合程度和呼吸的剧烈程度。

悲伤。与痛哭不同，悲伤可以持续很长时间，因为痛哭会消耗很多体能，与其相比较，悲伤的体能消耗则是"细水长流"。令人悲伤的结果已经发生，而无论如何做都于事无补时，就只剩下了无奈。当哭泣停止后，脸部肌肉逐渐放松，脸颊不再鼓起，最早退场的是眼轮匝肌，下眼睑松弛，然后是颈阔肌，最后留在脸上的是悲伤的眉和轻微的撅嘴。即使撅嘴的动作也消退了，变形的眉头还是会提示出悲伤的信息。

在平静的悲伤中，嘴部没有明显的形态变化。只有颏肌和降口角肌会有轻微的收缩，形成不悦的嘴唇形态。在平静的悲伤中，因为没有痉挛式的呼吸需求，所以不会出现张开的嘴部形态，更多的情况下需要通过口轮匝肌的收缩来保持嘴唇紧闭。这是无意识的克制动作。在压抑的悲伤表情中，口轮匝肌的动作幅度很小，并不会影响悲伤表情的其他形态。眼睛呈正常状态，可能略微睁大，也可能略微闭合，这一点不是平静悲伤的重点特征，眉毛则会呈现出比较独特的形态特征——没有眼轮匝肌的作用，眉毛不会有明显下压；眉头在额肌的作用下轻微上扬，但眉间又因为皱眉肌的作用有皱紧的趋势，整体出现轻微扭曲的不自然形态。

喜悦情绪下的人

前面几节介绍的都是负面的情绪，这节我们将讨论提到唯一正面的情绪——喜悦。提到喜悦，人们首先会想到一个动作，那就是笑。的确，笑是人的一种平和心态以及善良的内心表现，同时，也是体内安多芬分泌物增高的时候。人的心情处于正常状态时，在与他人交谈期间就会呈现为平和的心理作用并用微笑来展现人与人之间的善意交往。

笑容，即人们在笑的时候所呈现出的面部表情，它通常表现为脸上露出喜悦的表情，有时还会伴以口中所发出的欢喜的声音。从广义上讲，笑容是一种令人感觉愉快的，既悦己又悦人的发挥正面作用的表情，它是人际交往的一种轻松剂和润滑剂。利用笑容，人与人之间可以缩短彼此之间的心理距离，打破交际障碍，为深入的沟通与交往创造和谐、温馨的良好氛围。

对于笑的起源，科学界一直争论不休。

有的科学家认为笑是源自于早期人类的摔倒。提出这个说法的科学家认为古人类在学习直立行走的早期，经常会发生摔倒的现象。每当有人摔倒，看到的人就用笑的方式来警示同伴。他们认为在喜剧中出现的笨拙行为就有早期人类的影子。

有的科学家认为笑起源于早期人类的攻击姿势。就像动物在攻击前会龇牙一样，古人类在进攻之前也是通过咧嘴龇牙的动作来震慑对方。经过千百万年的演变，这个最初用来示威的动作演化成了笑容。

还有一些古人类学家认为笑是起源于古人类捕获猎物后的欢乐心情。因为在生产力低下的蛮荒时代，一旦部落中有人捕获到猎物，整个部落的人都会兴奋不已，大家都通过大笑来彼此庆祝。

心理学家们发现：笑是人类与他人交流的最古老的方式之一，人类之所以笑是为了和别人团结一致或者嘲笑他们，要么用笑和别人交流。我们中的每一个人早在学会说话之前就掌握了这门技巧。不只是为了好玩，笑还是一种特殊的“语言”。通过笑，一个人可以向其他人传递一个信息。笑还是一种社交工具。当人独处的时候，喉部很少颤抖。吃吃地笑、轻声笑和尖声笑只有在人和其他人共处的时候才会发生。发笑的人常常中断谈话，等笑完之后才继续交谈，而发笑的人自己很少注意到。

笑容是所有表情中最复杂的，笑容种类繁多。开心的笑，是一种很复杂的生理运动。在没有刺激源的情况下，大家可以试着开心地笑一下，就知道需要调动多少肌肉运动来完成表情和呼吸了。笑，可以理解为是将心理快感转化为生理快感的一种运动。笑适用于各种社会交往情境，人们可以在没有相应情绪的情况下，轻松做出礼节性的含笑表情。所以，捕捉、过滤和分析笑容，也是难度最大的。大笑看起来是整个脸部都发生了明显的变化，变化程度之大超过了其他表情，和痛哭处于同一复杂程度。

其实，笑容的肌肉动作的“核心成本”很小，无论是普通的微笑还是开怀大笑，都只由两组肌肉主导而成。第一组是笑容专用肌肉——颧大肌。颧大肌唯一的作用就是将嘴角向两侧拉伸，主导促成了整个下半脸的全部笑容形态，其他肌肉的运动都属于参与演出的配角。第二组是眼轮匝肌。比起“行动单一”的颧大肌，眼轮匝肌可是个不折不扣的“多面手”。它在很多表情中都会“大显身手”，比如厌恶、愤怒、痛哭和蔑视。在笑容中，眼轮匝肌必不可少，如果笑容中仅有嘴部的动作，而没有眼部的动作参与其中，会使整个笑容看起来“皮笑肉不笑”。

古人曾经有言“笑一笑，十年少”，说明适时的笑，还可以健身养性。医学家们发现，许多长寿的人都有一个共同的特点：爱笑。就连我国神话中的老寿星都是一副笑容可掬的形象。人体胸肌得到扩张，加强了肺部运动。促进肺部呼吸功能腹肌运动，收缩舒张时促进了胃液的产生，增进消化功能。增强食欲，促进新陈代谢。增加血管肌肉运动，加强血液循环，使人更有精神。较激烈的笑能让全身肌肉运动，放松身体。现代医学认为笑可以成为一种治病方式，治疗神经衰弱，消除肌肉的紧张，预防或减缓疼痛。

笑容更主要的作用是可以向其他人传达自己的信息。笑可以表达感情，在生活中，最令人愉快的表情就是脸部的笑。恐怕这个世界上从来不笑的人是不存在的。笑还可以沟通我们的思想，展示我们内心的世界。但笑的方式和种类的不同，又使我们知道笑的种种内涵。

FBI 的心理专家告诉我们，嫌疑犯也会有多种多样的笑，探员在调查、跟踪、暗访、审讯嫌疑犯的时候，发现他们的笑大多是不真诚的，除非他们自认为置身于一个安全的环境，可以高枕无忧时才会发出来自内心的笑，但这恰恰就是他们犯错误的时候。

20 世纪 80 年代末，澳大利亚海关曾经委托人类行为学家帮助他们创建一套分析系统，用来提高他们侦破走私和贩毒案件的办案效率。海关人员一直都想当然地认为人在撒谎或者面对压力时会增加微笑的频率。可出乎他们意料的是，科学家们给出了与这一结论恰恰相反的结果：人在撒谎时，反而会比平时都笑得更少，或者根本不笑。那些清白无辜的人在说真话的时候反倒会增加微笑的频率。这是因为从本质上来说，微笑植根于人们妥协与顺从的心理，因此，那些诚实清白的人会试图以真诚的微笑来平息缉私人员的心情，而出于抗拒心理，那些心怀鬼胎的人则会减少微笑以及其他肢体动作以防暴露自己。

MICRO EXPRESSION PSYCHOLOGY

第三章

笑容中传达的信息

通过笑声大小看人

笑对普通人来说，往往是欢快轻松的，但对心理学家而言却是一件严肃的事情，因为笑能透露人的性格。笑虽只有声音的差异，却是最能够表达沟通意图的“语言”。一个人的笑声可以反应出一个人的性格特征。美国一位心理学家经过多年的调查研究，把人类的笑声分出几个类型，并分析各种类型的心理出发点。

哼哼的笑：这是从鼻子里哼出来的，因为一个人要忍住笑，最后只好通过鼻子来“笑”。他们明明想笑却又倾向忍住不笑，显示为人怕羞，不想被他人注意，这样的人同时也是谦虚体贴的，喜欢按部就班地做事。因为平时很重视身边的人的感觉，所以身边的人也会喜欢他们的细心。

呵呵的笑：这是深深地从肚子里发出来的笑，显示这个人并不是自卑保守的，性格开朗，喜欢冒险，善于抓紧机会。此类型的人比较内向，容易害羞。但心思缜密，做事不会透露内心想法。常常看到别人看不到的事情的有趣一面。因为很会掩饰内心，往往可以委以重任。很多人在没有信心或心情不愉快的时候，会用“呵呵呵”的笑声来掩饰内心的反感。有这种笑声的人一般是比较温和的人，不会给人带来太多的压迫感。另外，人们在心浮气躁或者身体疲倦的时候，也会发出这样的笑声。

哧哧的笑：笑起来发出“哧哧”声音的人，多半是能够严格要求自己的人。发出“哧哧”的笑的人，是一个乐天派的人，对生命的展望充满活力，对未来也充满了美好的想象。他们的创造力和想象力都很强，偶尔还会做出惊人的举动，却不会让人产生反感的情绪。同时他们还极富幽默感，一旦树立目标，会朝着目标奋勇前进。这样的人大多爱好欢乐，喜欢看到好笑的事物被放大夸张。

嘿嘿冷笑：如果一个人总是冷笑，就说明这个人属于阴险狡诈的类型。与这样的人交往尤其是做生意，很难取得让人满意的结果。而另外一种喜欢冷笑的人则是那种玩世不恭的类型，他们自以为看透了人生百态，就不再有所追求，于是就游戏人生，过着“今朝有酒今朝醉”的生活。

哈哈大笑：在高兴的时候会发出“哈哈”的笑声，这大多是所谓的豪爽型的人，因为一般人很难发出这样的笑声，而且这也说明这个人身体状况极佳，才能有这样的笑声。这是一种高声的笑，即便在嘈杂的环境之中也能听到。这么笑的人说明他不压抑自己，是那种天生的聚会上的灵魂人物，他们喜欢讲笑话，当面临一个问题时，他们往往智勇双全地解决困难。同时，他们做事公平，不会嫌贫爱富，也不会吃软怕硬。当别人做错事时，他们不会斤斤计较。他们的幽默感会在不经意间给周围的人带来欢乐。此外，他们还有着出众的同情心，并且不会因别人取得的成绩而嫉妒。因为这样的性格，他们往往是人群中最受人喜欢的类型。同时，这种笑声带有威慑感，会震慑他人，容易使人心生警戒。

放声狂笑：有的人平时很少笑，但一旦笑起来却是一发不可收拾。别看这样的人经常在陌生人面前表现木讷，看起来不易接触，实际上此类人是冰与火的结合体，对生人冷淡，对熟人热情奔放。熟悉他们的人都知道此类人至情至性，讲义气，重感情，甚至不惜为朋友两肋插刀，因此他们的人缘是比较好的。

笑声柔和：这样的人待人随和，遇事冷静。他们性格沉着而稳重，比较明事理，也善于说理，能够很好地化解矛盾和纠纷。一般能够站在对方的立场为他人考虑，在大是大非面前能够保持头脑的清醒和冷静。因此人际关系处理得比较好，而且还善于化解矛盾和纠纷。

笑声让人不舒服：这种人的性情一般都比较冷淡，比较现实和实际，自己不会轻易为身边的人有所付出。他们察言观色的能力比较突出，思维比较缜密，能观察到他人心里在想些什么，然后投其所好，待机行事。

笑声尖锐刺耳：这种人生活态度乐观向上。为人比较忠诚和可靠。他们的感情比较细腻和丰富，有着良好的人际关系。这样的人具有一定的冒险精神，精力充沛，喜欢旅行。

经常发出不同笑声：这样的人根据不同的场合而发出不同的笑声，他们大多是比较现实的，做事思维敏捷，适应环境的能力比较强。

只是微笑但并不发出声音的多数是内向而且感性的人，他们的性情比较温柔、亲切，能够给人一种很舒服的感觉，属于比较好相处的人。但是他们也比较情绪化，容易受到他人情绪的感染或者被他人打扰。

通过笑容和笑姿看人

笑容的力量是无穷的，一个能时时展现出迷人笑容的人自然也拥有无穷的魅力。达·芬奇的传世名画《蒙娜丽莎》之所以让人难以忘记，原因之一就是画面人物那神秘的微笑。那永恒的微笑使人看上去心情舒畅，顺理成章地令人对她产生好感。笑的本质应该是愉快的情绪表现，但有些时候，痛苦到极点或感觉无可奈何的人也会用大笑来发泄闷气。可以说，笑是最常见的表情，也是含义最复杂的身体语言。

普通的笑：这类笑容很平常，不特别，不会太大声，显示这个人喜欢群众。这样的人往往努力工作但不争功。他们做事很有耐性，善始善终，心地善良而又可靠，是非常值得交往的朋友。

附和别人的笑：笑时慌张并戛然而止，看看别人继续笑便也跟着笑。这是自卑感的表现，说明缺乏自信，笑也怕笑得不对。他们的性格一般都乐观开朗，但做事没有主见，容易人云亦云，随波逐流。这样的人应改变一下自己的观念，用不着太担心别人对自己的看法，每个人都有笑的权利，即使别人不笑，也一样可以笑。

偷偷的笑：经常偷偷微笑的人，大多数是内向型，他们比较保守，不愿意在众人面前夸张地表现自己，多数时候显得腼腆。在工作中他们心思缜密，考虑问题十分的周全，面对各种情况都能冷静地做出判断。在交际中，他们并不喜欢轻易地将自己的内心展示给别人，而且由于他们强大的个人能力，他们对朋友的要求很高。不过一旦与他们成为朋友，他们就会与你肝胆相照。

轻蔑的笑：笑时鼻子向天，神情轻蔑，往往是人人在笑他也不笑，或只是逢场作戏似的干笑几声。这样的人看不起身边的每一个人，表面上是自视甚高，这其实是自卑感在作怪，要把他人压低而抬高自己，他们几乎没有交心的朋友。

掩口而笑：这个动作也是源于人内心的自卑感，不过也有其他的可能，就是一个人认为自己牙齿不好看或自知口臭。如果没有这些毛病，就是发自内心的自卑，就与紧张的笑相同。

笑不出声：这样的人只是微笑，一般不会发出声音。他们大多内向感性，性格忧郁低沉，容易受到外界的感染，做事情绪化的倾向比较明显，有浪漫主义色彩。但他们待人亲切温柔，给人以舒服的感觉。

笑中带泪：这看上去似乎是两个矛盾的表情。当一个人笑得很剧烈，以至于笑出眼泪时，说明此人具有真性情并有善心，他们在生活中通常是乐观向上并且胸无城府的，他们会在自己力所能及的范围内给予别人最大的帮助并不求回报。

笑不可支：这样的人大多性格开朗，乐善好施。他们总是把喜怒哀乐挂在脸上，为人直爽，做起事来不拘小节，大大咧咧，因此从来不乏朋友。

经常悄悄微笑：这样的人性格比较内向、害羞，而且相对来说比较传统和保守。一般来说，这样的人心思都非常缜密，理性思维强，头脑异常冷静，很善于隐藏自己，在为人处世方面又显得有些腼腆。他们对他人的要求往往很高，不会轻易将内心真实的想法告诉别人。

肆无忌惮的笑：平时看起来沉默少语，笑起来却一发而不可收拾的人是最适合做朋友的。他们通常十分看重友情，在陌生人面前比较沉默，显得不够热情，不够亲切，但一旦真正与人交往，成为朋友，他们就会以真诚相待，而且活泼热情。基于这一点，很多人都乐于与这样的人相处，他们自己本身也能够营造出比较和谐的社会人际关系。

断断续续的笑：笑起来断断续续，听起来很不舒服的人，性情大多是比较冷淡而漠然的。但是他们的观察力相当敏锐，能准确地观察到他人心里的真实想法，然后投其所好，择机行事。

捧腹大笑：这种人大多心胸开阔，当别人获得成功的时候，他们会真心祝愿，很少产生嫉妒的心理。这样的人性格多是直率而且很真诚的。他们往往能够直言不讳地指出朋友的缺点，也会在自己的能力范围之内，对他人的需要给予帮助。他们是不折不扣的行动主义者，一旦想起了要做的事情，或者决定要做某件事情，就会马上付诸行动，非常果断迅速，绝不拖泥带水。在别人犯了错以后，他们会指出来，但是也会给予最大限度的宽容和谅解。他们比较有幽默感，总是能够让周围人感受到他们所带来的快乐，因此他们身边总是围绕着很多的朋友。

龇着牙笑：这种人一般没有真情实感。龇着牙笑是一种很典型的假笑，这样笑的时候，一般是没有表现出自己的真情实感的。如果一个人说着“别为此担心”或者“没什么大不了的”这样的话语时，却流露出这种面部表情，那就表明其实他们真正的想法正好相反。

FBI 接到了一个报案，说美国一个知名的投资银行在短短一周内丢失了近 200 万美元的资产。这个投资银行的行长在仔细地查看了银行间的业务往来之后没有发现任何异常，可是账面上确实少了 200 万美元。

FBI 对该行的业务交易清单进行了调查，也没有发现任何异常问题，于是，他们怀疑是银行的业务数据遭到了篡改。FBI 很快就把负责该行所有管理资产的人都找了出来并一一进行讯问，却一直没有丝毫突破，没有找到任何线索。

正当 FBI 感到一筹莫展的时候，投资银行的行长提供了一条信息：在资金失窃之前，他们曾经让一名银行数据库工程师对该行的数据系统进行了升级和维护。于是 FBI 很快就找到了这名工程师，经过审问之后，FBI 发现这名工程师有许多疑点，而且也具有作案动机和作案条件，但是这名工程师却一口否认，而且并不多说一句话。就在 FBI 打算如果再找不到证据，在 3 个小时之后就会将他释放时，这名工程师露出了一丝微笑，带着明显的轻视意味。于是 FBI 立马针对这名工程师进行了更深层次的讯问。他们还请来了一名犯罪心理学专家，就在专家到来的时候，这名工程师又龇牙笑了一下，于是 FBI 断定，这名工程师肯定有问题。最终在犯罪心理学家的协助下，FBI 攻破了这名工程师的心理防线，侦破了案件。

识别真笑和假笑

笑是人们日常生活中用得最多的表情之一。在社交场合，微笑是最好的“润滑剂”。美国精神病学专家威廉·弗莱因博士强调：生活里不能没有笑声，没有笑，人们就容易患病，并且容易患重病。可是，有的笑发自内心，有些笑却是伪装出来的。英国一名心理学家发现，真笑和假笑不仅可以凭借面部表情判断出来，你还可以通过面部表情分析人们的内心世界。但是，形形色色的笑容并不都是发自内心的。日常生活中，你有没有遇到过这样的囧事：明明做了令对方反感的事，人家不好意思直接说，只是“友好”地笑笑，我们还以为对方是真心地高兴，结果就好心办了错事？生活中，真笑和假笑有时确实很难辨别，但是假的真不了，虚假的笑容到底有哪些破绽呢？那该如何区分真假笑容呢？

科学家很早就开始研究真笑与假笑的区别了。早在 1862 年，法国解剖学家杜彻尼·博洛尼便在其著作《人体生理机制》一书中提到这个问题。说起来有些恐怖，杜彻尼使用的实验品大多源自断头台。他使用“电生理和放大的技术”，对头颅每一部分的肌肉的细小变化和其带来的面部褶皱进行分析。他发现欢乐的情绪表达在颧骨肌肉和眼轮匝肌上，前者可以被有意识地控制，后者却只能为真实的快乐驱使。

眼周的肌肉是情绪的真实传达者，不受我们的控制，虚假的笑容是无法引起眼轮匝肌收缩的。于是，这种让面部颧骨肌肉和眼周肌肉发生变化的“真笑”，被命名为“杜彻尼微笑”。

不少科学家都想努力证明“杜彻尼微笑”的真实性，证明情绪真的能控制面部肌肉。有的科学家通过实验发现，当人们观看喜剧时，颧骨肌肉和眼轮匝肌就会收缩，也就是出现了“杜彻尼微笑”。并且，积极情绪也和“杜彻尼微笑”的频率密切相关。难道欢乐的情绪真的能够控制面部肌肉？

对此，美国加州大学心理学家保罗·艾克曼教授和肯塔基州大学的华莱士·法尔森教授进行了多年的研究。最终，他们设计出一整套识别人类面部表情的编码系统，能够成功破解人们的真实表情，其中就包括真笑和假笑。他们的研究成果被编剧们搬入热播美剧《Lie To Me》，受到观众的追捧。艾克曼教授也在2009年5月被列入美国《时代周刊》“全球最有影响力100人”名单。

他们通过大量临床实验得出结论：喜悦产生的真笑与故意收缩面部肌肉引起的假笑是不一样的。

真笑时嘴角上翘，眼睛眯起。此时，面部主管笑容的颧骨主肌和环绕眼睛的眼轮匝肌同时收缩。因为真心流露的笑容是自发产生的，不受意识支配，因此，除了反射性地翘起嘴角之外，大脑负责处理情感的中枢还会自动指挥眼轮匝肌缩紧，使得眼睛变小，眼角产生皱纹，眉毛微微倾斜。

假笑时只有嘴角上提。伪装的笑容是通过有意识地收缩脸部肌肉、咧开嘴、抬高嘴角产生的。与真笑不同，此时眼轮匝肌不会收缩，因为眼部肌肉不受人的意识支配，只有真的有感而发时才会发生变化。有些人假笑时动作很夸张，面部肌肉强烈收缩，整个脸挤成一团，给人造成眼睛眯起来的假象。但注意，假笑时眼角的皱纹和倾斜的眉毛是没有办法伪装的。也就是说，如果遮住一个人面部的其他部位，只露出眉毛和眼睛，若是真笑，依旧能看出来对方在微笑；若是假笑，则只能看到一双毫无表情的眼睛。

儿童书籍插画家莫·威廉姆斯根据自己多年的绘画经验得出结论，如果插画人物的嘴在笑，可是眼睛却不开心，那整张脸都是忧郁悲伤的。

因此，要想辨别对方是真笑还是假笑，眼睛和眉毛是最重要的线索。

真诚的笑容能让周围的人都感受到幸福，但是，如何练就出分辨真笑假笑的"火眼金睛"呢？美国麻省理工学院的毕业生研发了一款新软件，利用这款软件就能判断出被测试者发出的笑容究竟是不是真诚的。

研究人员让被测试者进行两组不同的面部表情测试。首先让他们看一组可爱婴儿的视频，让他们条件反射地在电脑摄像头前表现出真实高兴的笑容。然后，他们又要求参与者在电脑上填写一大篇有关自己的资料，在点击"提交"键后，参与者发现所填写的资料全被删除，此时 90% 的参与者都不由自主地露出了沮丧的笑容。

通过两组摄像头记录的图像，研究者提取相关数据，将心理学与计算机识别结合起来，有效地区分被测试者的表情，划定真实笑容的数值范围，据说准确率高达 92%。实验得出了一个规律，真实的笑容通常来得要慢一些，甚至有反复的情况发生；而沮丧的笑容通常来得快，消失得也快。此外，虽然外表看起来差不多的笑容，假笑和真笑在肌肉的表现上也不同。

其实，假笑可不是成年人的"专利"，美国马里兰大学的研究表明，10 个月的婴儿也会"皮笑肉不笑"。当婴儿看到陌生人走近时，会露出没有情绪的假笑；只有母亲靠近时才会真心地微笑。

无独有偶，英国的《泰晤士报》和《每日电讯报》报道，赫特福德大学的心理学家理查德·怀斯曼教授实施了一项测试分辨微笑真伪的能力的实验。

怀斯曼教授对英国政坛的风云人物的笑容进行了分析。每逢举行内阁会议，大臣们就会与记者打个照面，这个时候，他们大多在镜头前摆好姿势，露出笑容，让记者们拍个痛快。但怀斯曼教授通过照片和视频发现，在内阁大臣中有许多的笑并非发自内心。前财政大臣戈登·布朗的面部表情“相对稳定，没有显露出任何情感变化的痕迹，即使他内心活动非常激烈。他嘴唇紧紧闭在一起，眼帘下垂，从正面讲，这给人以一种可以信赖和可以控制局势的印象，从负面角度讲，这可以被看作相当冷酷以及没有同情心的表现”。

日本的心理学家用特制的仪器来测量人类的笑容，还为它制定了一个专门的单位“ah”。科学家经过测量发现，不同的人笑起来释放的ah值不尽相同，儿童笑值每秒10ah，是成人的2倍。因为成年人在笑前要衡量这一举动是否合适，所以笑得就不那么自在，ah值也随之偏低。不仅如此，他们还在被试者胃部的皮肤安置感应器，尤其是在人体分隔胸腔和腹腔并起呼吸作用的横膈膜上表皮肤安置感应器，以测量肌肉的运动。因为大脑检测到的信号会通过横膈膜的运动得到直接释放。因此，通过检测人体横膈膜和其他部位的运动，研究人员能知晓一个人的笑究竟是发自内心还是虚情假意。

当然，生活中有些假笑在所难免。例如在照相时，人们总是大叫“茄子”，说这个词时，会做出笑的表情。有时，我们把下颌张得很开，露出更多的牙齿，看起来笑得更开怀。虽然最初是“为笑而笑”，但在笑的过程中我们有时真的变愉快了。

其实，现实生活中，无论真笑假笑，只要投入去笑，都对身心有益。因为开心地“真笑”时，大脑的愉快中枢会兴奋；而努力“假笑”时，这个动作也会刺激大脑中与愉快感觉有关的相关区域。所以，当感到失落、郁闷、难过的时候，不妨对着镜子，咧嘴提起嘴角，同时下拉眉毛，眯起眼睛，尽量做出一个真笑的动作，试着感受笑容带给你的放松与宽心。

不同程度的笑

古人曾经有言“笑一笑，十年少”，说明适时的笑，还可以健身养性。

在日常生活之中，笑的种类很多。它们绝大多数都富于善意，但也有极少数失礼、失仪的。出于实际需要方面的考虑，在此先讨论的合乎礼仪的笑容的种类。这一类笑容分别是：

含笑，是一种程度最浅的笑，它不出声，不露齿，仅是面含笑意，意在表示接受对方，待人友善。其适用范围较为广泛。此类人对待别人彬彬有礼，做事含蓄低调，但不轻易向人敞开心扉。

微笑，是一种程度较含笑为深的笑。它的特点，是面部已有明显变化：唇部向上移动，略呈弧形，嘴两端稍下垂，但牙齿不会外露。它是一种典型的自得其乐、充实满足、知心会意、表示友好的笑。在人际交往中，其适应范围最广。这类人性格内向，不善言语，与人交流存在一定的困难，但注意细节，喜欢对对方言语进行分析，唯一不足的就是做事时常半途而废，也因此难达愿望。但他们在手工艺、缝纫等技能方面很拿手，外语亦佳。

轻笑，在笑的程度上较微笑为深。它的主要特点，是面容进一步有所变化：嘴巴微微张开一些，形状平坦，上齿显露在外，不过仍然不发出声响。它表示欣喜、愉快，多用于会见亲友，向熟人打招呼，或是遇上喜庆之事的时候。

咧嘴笑，幅度比浅笑要深，嘴边大幅张开，露出上下牙齿。这是社交场合常见的笑容，往往显得礼貌热情。在北京奥运会上，负责人认为礼仪小姐脸上“笑不露齿”的中国式笑容显得过于含蓄，不太符合西方友人的审美观念。为了适应这个全球性的盛会，就要求礼仪小姐们要露出前面完美的 8 颗牙齿。

大笑，是一种在笑的程度上又较轻笑为深的笑。其特点是：面容变化十分明显；嘴巴大张，两端成平，呈现为弧形嘴，上齿下齿都暴露在外，并且张开。因为口中发出“哈哈”的笑声，所以有“哈哈大笑”一词。但肢体动作不多。它多见于欣逢开心时刻，尽情欢乐，或是高兴万分。这类人的性格豪爽粗犷，不拘小节，行为大方。但缺乏一定的耐心，一遇到困难，就知难而退，容易让人产生做事虎头蛇尾的误解。这种人可能会在经商方面有所建树。另外，大笑中有时候会蕴含着压迫感，从而起到震慑他人的作用，因此是一种经常出现在领导身上的笑。开怀大笑的人，大多心胸开阔、真诚坦率。他们富有爱心和同情心，愿意尽可能地帮助别人，在生活上为人正直，不会妒忌他人，也十分幽默，与周围人相处十分的融洽。在工作上也从不拖拉，处事果断麻利。但他们其实并不坚强，有时内心十分的脆弱，容易受到伤害。

狂笑，是一种在程度上最高、最深的笑。它的特点是：面容变化甚大，嘴巴张开，嘴两端猛向上方翘，牙齿全部露出，上下齿分开，笑声连续不断，肢体动作很大，往往笑得前仰后合，手舞足蹈，泪水直流，上气不接下气。它出现在极度快乐、纵情大笑之时，一般不大多见。这类人精于社交，性情温和，能让对方感到亲切，具有冒险精神和积极的作风，乐于助人。最适合做秘书工作，善于处理繁杂事务，越繁杂反而越觉得有趣。

笑得全身乱晃的人，一般都比较单纯和真诚。这种人十分招人喜欢，他们大多十分善良，不会为了利益出卖朋友。一旦朋友有难，就会尽自己最大努力去帮助。对待朋友的缺点，他们也会好言相劝，绝不会视而不见。所有的付出都会有所回报，他们的人际关系也因此十分的出色，在他们陷入困难的时候，经常会有人出手相助。

笑出眼泪的人，他们通常感情十分丰富，对于各种情绪都十分敏感。笑起来不着边际，哭起来也同样惊天动地。他们内心坦荡，生活态度十分的积极乐观，有爱心也有进取心。帮助别人的时候，可以牺牲自我，并且不求回报。

MICRO EXPRESSION PSYCHOLOGY

第四章

手中动作的寓意

通过抚摸动作看人

在现实生活中，无论是男性还是女性都非常爱护自己的身体。当身体受到伤害时，总会轻轻地抚摸伤处并轻轻地吹气。可以说抚摸动作是人类最原始的一种安慰自己的方式。同时，抚摸的动作也可以反映出一个人的心理活动来。

抚摸脸颊：人们在保持坐姿倾听别人讲话时经常会做出这个动作——用手撑着桌子，轻轻地抚摸自己的脸颊。随着话题的深入，很可能这个抚摸脸颊的动作会变成单手托腮支撑头部的姿势。一旦倾听者做出这个动作时，就说明听话者对话题不感兴趣，早就已经听腻了。虽然从他的面部表情看来，他对谈话的内容十分感兴趣。但抚摸脸颊的动作还是暴露出了他内心真正的意图，那就是“不要说下去了，你实在是太啰唆了”。同时，在想要表达不同看法的时候，人们也会做出抚摸脸颊的动作。如果在非谈话场合，一个人静静地用手抚摸自己的脸颊的话，那则说明他在思考，也许他在想一些美好的事情。

抚摸下巴：这个动作在现实生活中也十分常见，无论是在交谈时，还是在独自一人时，人们都喜欢做这样的动作。如果在谈生意时，你的生意伙伴做出了这样的动作，那说明此刻他正在考虑最后的决定是什么；如果是在谈话的过程中，倾听者做出了抚摸下巴的动作，那则说明他此刻正在判断你所讲的内容是否真实；而如果一个人在独处时，缓缓地用手抚摸着下巴，则是说明他此刻正在思考问题。在某些情况下，抚摸下巴也可以表示厌烦的心情，但这时大多都会伴随着侧目等眼神动作。

抚摸头发：有些人在交谈中会有这样的习惯，如果两个人是面对面谈话的话，她总会时不时地抚摸一下自己的头发，好像是在向你展示她秀发的柔顺一样。这个动作在女性身上出现的频率非常高，抚摸头发的动作可以表现出人们很多的内心感受。比如说，在交谈过程中，倾听者时不时地抚摸着自己的头发，这说明她此刻在想其他的事情，根本没有用心听你说话；而如果谈话时，说话者有意无意地抚摸自己头发的话，那则说明他此刻在说谎；而如果一个人独处时，也不断地抚摸自己头发的话，那说明动作的主人现在心绪不宁，感到非常的困扰和疑惑。拨弄一个人的头发是很亲昵的一种行为，表达了一方对另一方的信任和喜爱，也包含着一定的挑逗成分。一般而言，这种情况发生在两个关系亲密的人之间，譬如一对姐妹，或者一对情侣等。有时候，一个人会双手抱头，同时不停地挠动自己的头发。这是主人在发泄自己的不满和烦躁，他渴求尽快摆脱目前的被动局面，重新投入到工作或者学习中去。通常，不久后，他们就会重整衣装，重新上阵。

抚摸一个人的头部：这种触摸的适用范围非常局限，通常发生在长辈和晚辈，或者情侣之间，表达了一方对另一方包容和保护欲望。偶尔，这种情形也会出现在上级同下级的交流过程中，以此表现一方对另一方的掌控和支配地位。在一般人际交往中，这是一种极不礼貌和不尊重他人的行为，极为少见。

抚摸手臂、胡子：在谈话中女性多数会做抚摸肩膀的动作，而男性则多抚摸自己的胡子。如果在交谈时，倾听者由上至下缓缓地抚摸自己的一侧手臂的话，那说明她并不相信你所说的，想尽快结束话题；而如果说话者如此做，则是因为她接下来想要说的事情令她觉得难以开口，也许是要借钱或是拜托你什么事情。如果在非谈话场合女性做出了抚摸手臂的动作，是因为她感到难过、悲哀。

用手挡住嘴：女人和小孩经常会做出这个动作。比如一个孩子在踢足球时，不小心将玻璃踢碎了，他就会下意识地用手把嘴捂住。这个动作反映出了孩子的心理，就像一想到父亲回来的责罚他感到非常的恐慌和不知所措。如果一个小孩子在过马路时旁边驶过一辆汽车，那么孩子的妈妈也会做出这样的动作，在这里用手捂住嘴的动作所表达的是一种焦急的心理。同时，在受到惊吓和看到不可思议的事情时，人们也会做出这个动作。相比之下，男人在做出这个动作时多半是碰到了什么让他觉得困扰的事情，所以他此刻正在思考。此外，有些人在撒谎时也会用手遮住自己的嘴，只不过要么是装着在打哈欠，要么是装作咳嗽或是摸鼻子而已。

轻抚嘴唇：这个动作女性做得比较多，具体的姿势是用大拇指扶住脸颊，食指在嘴唇之间轻轻抚摸。如果一个人经常一边轻抚着嘴唇一边倾听对方讲话的话，那说明她的性格非常内向，而且十分容易害羞。如果偶尔看到某个男人也做出了这样的动作，那则说明他是一个性格拘谨的人。而如果一个人在同别人说话时习惯用手抚摸嘴唇的话，那则说明讲话的人性情非常温和，也比较热心。

用手揉眼睛：这个姿势经常出现在谈话过程中，如果一个人在谈话时突然侧着头揉了揉眼睛，那很可能是因为他说了谎，不敢直视对方的眼睛。虽然有些人会眼神飘忽不定地四下乱看，但更多的人会用揉眼睛的方式来避开对方的眼光。女人一般都会伸出一个手指来轻轻地揉下眼袋，然后眼睛看向斜上方的位置，而男人则会用力地搓自己的眼角，眼睛看向身体的斜下方。如果在谈话过程中，听话者的手总是在揉搓眼角，那则表明话题并不吸引他，他感到非常无聊。当然，有些女性经常会揉自己的眼角，但这仅仅是因为害怕自己年龄一点点增大，所以伸出手来抚平眼角的皱纹而已。

用手摸脖子：有些人在说话的时候，会有意无意地将自己的手放在脖子上来回搓弄，或是用手指挠脖子。这个动作如果出现在说话者的身上，则说明说话的人此刻觉得不好意思，或是觉得害羞和腼腆。如果听话者做出了这个动作，则是一种委婉的否定。即听话者对说话者所讲的话并不完全同意，但碍于对方的自尊，所以不好意思直说。通常这个动作还伴有微笑和摇头的动作。

用手捏耳垂：这是个非常令人反感的动作，经常在交谈中出现。我们可能都曾有过这样的经历，小的时候听父母唠叨，觉得厌烦就用两根手指塞住耳朵；青年时期，听到女朋友喋喋不休，男性也会做出这样的动作。随着成长，这个动作也渐渐地从“塞住耳朵”变成了触碰耳垂。一般来说，女性做这个动作还好一些，毕竟只是捏捏耳垂或是碰碰耳环而已。有一部分男人会捏自己的耳朵，更多数的男人会用自己的小手指挖耳朵。一旦听话者做出了这样的动作，就说明你的话让对方感到厌烦，他希望通过这个动作来阻止你继续说下去。而如果说话者边捏耳垂边说话则是表达了一种漫不经心的态度。用手捏耳垂的动作有时也会变成摸耳背、拽耳垂、盖住耳垂，等等，这些动作所表达的意思是一样的。

球触摸胸部和腹部：一般而言，在谈话过程中很少有人去触碰对方的这个部位，当然也有例外的时候。比如说电视上就经常出现两个人在谈话时，一个人拍着另一个人的胸口说：“摸摸你的良心！”一般来说，谈话时一旦说话者触碰了对方的胸腹部位，那则说明此时他的情绪非常不稳定，心情也趋于愤怒，很容易发生冲突。而如果在谈话过程中，说话者一边触碰自己的胸部一边说话的话，那则是一种腔调。他在用这个动作强调自己说的话是可信的，或是强调这句才是这些话中的重点。而如果在谈话过程中，说话者说话时有意无意地触碰自己腹部的话，则是说明他此刻心情非常平和，并没有什么情绪波动。

触摸腰部或者是膝盖：这个动作比较暧昧，大多数人都认为，这个动作只有在男女情侣之间才会出现。其实不然，这个动作在男性之间也是十分常见的。在保持坐姿谈话时，触摸对方的腰部或膝盖部位是征求对方同意或是希望赢得对方信赖的表现，所谓“促膝长谈”所表达的就大体是这样一个意思。而如果在谈话时总是胡乱地触摸对方的腰的话，那则是有一点同性恋的倾向。如果在谈话过程中，说话者缓缓地触摸自己的腰的话，那则是一种自信和坚持自己看法的表现，说明此刻他并不想听到对方反驳的话。而如果在谈话时，说话者一边说话一边轻触自己的膝盖的话，则表达了一种羞涩的情绪，很可能是他感到不好意思，或是此时的气氛让他感觉到有些尴尬紧张。

当然，上述所说的并不是绝对的，因为有些人本来就非常善于隐藏自己的真实想法。但是不管一个人如何隐藏自己的想法，还是会不自觉地露出一些破绽来。我们只要能够抓住这些破绽和细节，并加以分析的话，很容易就能推测出对方的心理和性格究竟如何。

一般而言，喜欢自我触摸的人，多缺乏安全感和自信心。这种人情感细腻而脆弱，非常容易产生沮丧、不安、惶恐等消极心理。他们缺乏正确解决问题的能力，只好通过自我触摸的方式调节安慰自己，以求心理上的安定与平和。这种人生性内向，不善于表达自己的情感，很多时候都是在独自承担生活中的压力。生活显然没有他们想象中的那么悲观和绝望，一个人的力量毕竟是有限的，这种人应该学会主动寻求他人的帮助和理解。

总是触摸他人的人，积极主动，非常渴望别人的理解和关注。他们善于表达自己的观点和态度，关心别人的感受，重视人际关系的维系。当然，喜欢触摸别人也是自我膨胀的一种体现，这种人渴望控制别人，充满占有欲，并以此体现自己的身份和地位。他们富有攻击性，处事果决，但难于通融。

也有一些人，非常排斥同其他人发生身体接触。他们这种习惯的形成，和童年的心理阴影、不快乐的经历有一定关系，很可能，他们在小时候有过不愉快的触摸经历。这种人生性孤僻保守，缺乏安全感和信任感，行事多疑，心胸狭隘。

握紧的手和摊开的手寓意不同

一般来说，当人们感到自己的语言没有说服力或是在面临失败时会做出双手紧握的动作。但实际上，紧握双手的动作在不同姿势下，反映了人们不同的心理。

握紧双手的动作大致可以分为四种姿势：双手举到脸部紧握；双手在胸口紧握；双手垂在腹部紧握；保持坐姿，双手在膝盖处紧握。

首先我们来看将双手举到脸部的紧握姿势，这个动作一般都出现在坐姿中，它表现的一般是一种拘束、焦虑的心理。在面试时，应试者随着谈话的进行，握紧的双手会逐渐地放松，这说明他已经不像刚刚谈话时那样拘谨不安了。如果一个人在谈话时摆出了这样的姿势，你会发现随着话题的深入，他的双手会越握越紧。即使他一直面露微笑，但紧握的双手还是反映出了他挫败、失落、压抑的心理。

其次是双手在胸口紧握，这个动作一般女性做得比较多，动作本身有点像基督教徒的祈祷姿势，所以一般人都会认为，这个动作表达了一种祝愿的心理。而实际上，之所以做出这个动作，是因为此刻这个人的心理十分的慌乱和不知所措。当然，这个姿势也带有一定的祈祷意味，祈祷事情不要变得更糟。

然后是站立时将双手垂到腹部紧握的姿势，这个姿势并不像上面讲的那两种一样是越握越紧或是渐渐放松的动作。这个动作非常没有规律，有时突然就会握紧，又突然放松，然后反复地无规律循环。如果一个人有求于人又羞于开口，就会做出这种扭捍的动作。这个动作反映了人们紧张、急切却又害羞的心情。若是这个动作出现在酒店侍者的身上，则反映了他们希望能为服务得到小费的心理。

最后就是在保持坐姿时，紧握双手放在桌上或是膝盖上的动作。如果在正常交谈或是在谈生意时，对方做出了这个动作，那就是说明此时他心中非常犹豫不决。想要顺利谈成生意，或是让对方果断地说出心中的秘密，那在对方出现这个动作的时候，多考虑一下自己的措辞，或是开一些让对方无法拒绝的条件，这样才能让对方毫不犹豫地做出决定。

张开手掌、摊开双手。这个动作也许在很多人的眼中都是个很平常的动作，因为人的手掌本来就是自然张开的，这也说明不了什么。但我们要说的“张开手掌”动作是与“摊开双手”动作相结合的，这两个动作经常出现在谈话中。也许有些人会注意到，有些人在说话时手部动作非常丰富，看起来像是要打架一样。但只有细心的人才会发现，不管说话者的手怎样挥舞，他的手掌都是张开的，而且大多都是在上下挥舞。这样的情况很可能是因为说话者想解释什么或是此刻心里十分愤怒。而如果一个人在讲话时始终将双手摊开，并且也张开手掌的话，则表示说话者想告诉对方，他并没有欺骗，他的话是真实的。如果在谈话时，听话的人跷着二郎腿摆出一副摊手张开手掌的动作，则是说明他心中对说话者所讲的话毫不在意，或是对于对方的请求他感到无可奈何。

摊开的双手手心朝向也能反映一个人的性格和心理。

关于人的手势，最简单的两个动作就是“手心朝上”和“手心向下”，也就是所谓的“翻手”和“覆手”。这样简单的翻转手掌动作能传达给我们一些什么信息呢？我们具体来分析一下。

首先是手心向上的姿势。在冷兵器时代，将手心向上翻转过来，等于告诉对方，我并没有携带武器，借此来让对方安心。从现代心理学的角度来说，手心向上这个手势表达的是一种服从、妥协的意思。它向我们传达的是一种屈服和善意的信息。很多乞丐在乞讨时经常会将手心翻转过来，摆出一个手心向上的姿势，这里的朝上所表达的则是一种哀求的意思。同时，如果在交谈过程中，对方手心向上，并且将指尖挪向你的话，则说明他此时希望听听你的看法。

其次是手心向下。翻转手掌，将手心向上变为手心向下的姿势，虽然这个动作变化十分的简单，但是传递给人的信息却是截然不同的。手心向下所表达的是一种命令的意思，一般身居高位者习惯摆出这样的姿势，这个姿势通常会让人产生一种“权威感”。比如在演讲时，演讲者伸出手心向下的双手，意思是希望大家静一静。虽然这个动作很柔和，但它却给人一种近乎于命令的感觉。在请求他人帮忙时，一定要注意自己的手势，掌心向下的话很可能会遭到对方的拒绝。

手心朝外。一般谈话时喜欢将手心对着他人的人都非常喜欢表现自己，他可以喋喋不休地一直说下去，容易给对方留下聒噪的印象。这样的人性格通常非常善变，也许前一刻还和他人十分亲近，但下一刻就开始讨厌对方。但喜欢手心向外的人也有他们自己的性格优点，比如这样的人思想十分开放，非常善于社交，思维活跃，等等。这种手势在成年人群中并不常见，感到压力很大的孩子经常会在谈话中做出这样的手势动作来。

通过手势看人

科学研究表明，人类的手指是人体最敏感的器官之一。人类在讲话时也习惯做出各种各样的手势来配合，有时表达一种信息，手势甚至比语言更加清楚明白。人类的手势千奇百怪、多种多样，通过这些繁杂的手势我们可以看出一个人的品行及性格来。这一节我们主要来了解一下，通过手势能够看出人类的哪些性格来。

一般而言，如果某个男人在说话时总是习惯夹杂一些手势的话，那说明这个人的性格非常自傲，善于驾驭语言，喜欢成为周围人的核心人物。这样自负的人若是被他人打断了自己的发言，或是一旦自己所讲的没有被对方认可的话，就会十分生气。而如果一个女性在说话时喜欢加入很多手势的话，那则说明她是一个非常活泼的人，非常懂得照顾他人，懂得替他人着想。下面让我们来具体说明一下手势所能表现出的性格。

摇手指的手势：具体的动作是伸出一只手的食指左右晃动，其余四指紧握。这是一个非常轻蔑的手势，仿佛在告诉别人“你，还差得远呢”。当然，还有一种意思是“不可以这样”，一般做这个手势的同时还伴有摇头的动作。习惯对他人做这样手势的人性格都非常自大，除非能让他从心底服气，否则他就会特别看不起对方。

拇指点自己胸口的手势：有一些人在谈话时，提到自己的时候总是会伸出大拇指点一点自己的胸口。这个手势很容易给人一种“嚣张”和“自大”的感觉，但实际上，习惯做这样手势的人虽然容易骄傲，但他们也非常值得信赖和依靠。

拇指互绕的手势：即双手的其他四指交叠，两个拇指缓缓地互相做环绕动作。一般在谈话时如果倾听者做出了这个手势，那则说明他在思考话题之外的事情。而一个人在独处时，如果拇指旋转得非常缓慢，则说明他在回忆；如果拇指旋转得非常快速，那则说明此刻他正在筹划未来。习惯做这个手势的人思维都非常严谨，性格也十分沉稳。

勾手指：这个动作与前面所讲的招手动作大致相同，都隐隐包含着一种挑衅的意味。只是这个动作给人的感觉并不如招手动作那么强烈而已。有些女性也会对自己的朋友做出这个手势，但这里勾手指的动作只是叫对方来到自己身边而已。

手枪型手势：顾名思义就是用手指做出一个类似于手枪的造型。具体的动作是将拇指与食指伸直，其余三指并拢，整个手势看起来就像是一个左轮手枪一样。这是一种威胁性手势，一般都用来表示“敌视”“发泄”等。也有人会摆出这个手势然后做出一个“吹枪管”的动作来表示事情顺利的完成。习惯做这个手势的人往往做事非常有条理，心思缜密，但却不太合群。

数拨手指：在谈话过程中，如果提到一些条件或是数字相关的事情，人们就会做出这个手势，目的是为了增强说服力和表述的清晰度。另外人们在谈到需要特殊强调的事情时也会做出数拨手指的手势。一般来说，习惯说话时用数拨手指方式强调事情的人性格都非常严谨，有原则，观察能力出色，而且具有极强的逻辑思维能力。

在人类的所有手势中，有很大一部分手势是与手指相关的。同样是竖起手指的手势，竖起的手指不同，所表达的信息也会有所不同。在生活中我们最常见的几个竖起手指的手势分别是竖起大拇指、竖起食指以及竖起小拇指三种。

跷大拇指：跷大拇指在现实生活中可谓是最常见的手势之一。在人们印象中，这个手势所表达的意思一般是“好样的”“太棒了”“第一名”等意思。通常，跷大拇指这个动作都会与其他动作相配合来使用。在生活中，一个人想要表达对对方的“赞美”之情时，通常会跷起大拇指。一般而言，性格自负的人非常喜欢做出这个手势，这些人往往性格都非常外向，家境也相对富裕得多。如果在谈话时，倾听者摆出了这样的手势并辅以点头的动作的话，说明此刻他心中非常佩服说话者；而如果说话者在说话时摆出了这种手势，则表达的是一种赞赏、赞叹的心情。

同样是跷大拇指的动作，在不同的情况下，或是跷大拇指的角度不同，所表达的意思也有所不同。比如说在酒桌上，一个男人正在与朋友聊天，突然跷起大拇指，悄悄指了指自己的妻子，然后又偷偷说了一些什么。在这里跷大拇指既没有夸奖赞扬的意思，也不含有什么敬佩的心理。在这里，跷大拇指的动作表达的是说话者的一种“讥讽”与“轻视”的心理。只有心中对某个人十分看不起才会以这种手势来指向他。

竖起大拇指：这个动作所表达的信息是对他人的一种称赞以及一种自我肯定的、自信的态度。在美国和南非等国家，竖起大拇指所表达的是搭“顺风车”的意思；而在希腊，对他人竖起大拇指则是一种侮辱。关于竖起大拇指这个手势我们就不再过多赘述了，在这里我们主要来了解一下竖起食指以及竖起小拇指向我们透露了哪些信息。

竖起食指：这个手势一般都在谈话中出现，具体的姿势是除了食指外，其余四指握拳。这是一种十分不尊重人的手势，用语言来表达的话就是“指指点点”。如果在交谈中，对方一边说话一边伸出食指来指指点点，这说明此刻他非常愤怒。同时在上下级对话时，身份高的人喜欢在说话时用食指轻点桌面，这表示的则是一种轻视的态度。

竖起小指，其他四指握拳的手势：这是与竖大拇指相对应的一个手势，所表达的意思也是正好相反的。竖起大拇指表示的是夸赞、表扬、尊重和认可；而竖起小拇指表示的则是轻蔑、看不起和挑衅的意思。

通过手指的并拢与交叉看人

五指并拢：可能一般人不会发现这个问题，有些人在说话时无论怎样挥手和做动作，他的五指始终是并拢的。而大多数人则会随着动作的不同而分开五指。科学表明，习惯五指并拢的人性格都非常稳重，做事谨慎，思维周密。但这样的人往往不能独立自主，而且性格也偏向吝啬，也许他会是一个非常能干的手下，但他绝对无法自己做老板。

比起“五指并拢”，有些人在并拢手指时，只会并拢四指，而将大拇指与其他手指分开来。习惯做出这样手势的人，心胸都比较宽广，性格也比较豪爽豁达。但这样的人喜欢多管闲事，往往会好心帮倒忙，最后给自己惹来麻烦。

十指交叉：在交谈过程中，人们经常会摆出十指交叉这个手势来。虽然这个动作并不复杂，但是这个简单的手势搭配不同的动作可以表达出很多意思来。首先我们来看一下正常的十指交叉姿势，这个姿势也是在生活中最常见的，即十指交叉后自然地将手放到膝盖上。一般在交谈中，他人在摆出这个姿势的同时都会面露微笑，神情十分坦然。一般习惯摆这样姿势的人都比较自信，如果在谈话时对方摆出了这个姿势，那则说明他此刻非常冷静自然，并没有向你隐瞒什么。

其次是十指交叉时，双手紧紧地握在一起。通常摆出这个姿势的人都会眉头紧皱，给人一种十分消极的感觉。如果一个人在做出十指交叉手势时双手握得很紧的话，那说明他此刻的心理十分的焦虑、消极。也许他感到拘谨，也许他心中充满了挫败感，但不管怎样，这个手势此时所传达出的是一种消极的心理。

然后是十指交叉时，两个拇指的指尖相对。一般来说，在谈话时，说话者觉得不知道如何表达心中想法时就会摆出这样的手势。十指交叉后，两个拇指用力地顶在一起，心理越紧张，顶得就越用力，有时还会伴有咬嘴唇的动作出现。当人们感到不知所措、进退两难时，通常会摆出这个姿势。如果在十指交叉时，双手的拇指并没有相对，而是向上伸直的话，则说明此时对方的态度非常积极，对自己十分有信心。

最后是十指交叉，一只手的手指搓挠另一只手的手掌。按照心理学的说法，当人们需要自我安慰的时候，就会采用这种自我接触的方式。所以说一旦在谈话时，对方做出了这样的手势，则说明他此刻感到心里非常不安或是焦虑。这有可能是因为他感觉到了压力，也有可能是他怀疑对方所说的话的真实性。总之这个动作所表现的是一种负面情绪。

手指交叠：在谈话时经常会出现手指交叠的动作，我们总是可以看到人们将手肘放到桌上，然后在面前将手指交叠起来盖住自己的鼻子和嘴。做这个动作的人往往都面露微笑，这表示谈话的节奏正和他预料的一样在进行着。习惯在谈话中做出这个动作的人，思维都十分缜密，做事计划性强，而且应变能力也很强，但这样的人性格往往比较内敛，不喜欢太过表现自己。

尖塔手势：就是将一只手的指尖相对应地轻轻按到另一只手的手指上，形成一个犹如教堂尖塔一样的手型。这个手势与出家人那种“双手合十”的动作非常相似，但表达的意思却完全不同。经过细致的观察，我们发现这个手势经常在上下级之间的谈话中出现，尤其是上级领导向下级领导做出一些指示或是提出建议时，这个动作经常出现。这个手势所表现的是一种自信的态度，做出这个手势的人都会有一种“权威感”，即一种高高在上的感觉。一般而言，一个人如果在谈话时做出了尖塔手势，那说明他此刻对某件事情非常自信、胸有成竹。另一种情况就是，一个人在自鸣得意、沾沾自喜时也会做出这种尖塔形手势。经常做这种手势的人自信心都非常强。当然，也有一部分狂妄自大、目中无人的人也喜欢在交谈时做出这样的手势。

手势是肢体语言非常重要的组成部分，手势也是一个人内心世界的反应。通过对手势的观察，我们就能很轻易地了解到“花言巧语”背后的真相。

通过手部动作辨别谎言

科学研究表明，在十分钟的谈话中，平均每个人会说三个谎言。而人类的面部表情是千变万化的，根本无法从中判别对方是否在撒谎。所幸的是，人类的手部动作也非常丰富，通过观察一些手部动作我们也能得知对方是否讲了实话。这一节，就让我们看看人类在撒谎时，会做出哪些手部动作吧。

用手摸脸：

在谈话时，如果你觉得对方正在说谎，不妨试探性地问一句：“真的吗？”然后仔细观察对方的手部动作，如果对方毫不犹豫地点头确认，那就说明他没有说谎话。若是对方在听到你的问话时一边搓脸、一边确认的话，那他 80% 是在撒谎。众所周知，撒谎者总是企图避开他人的目光，防止对方从他眼中看出什么。而如果仔细观察身边的人你会发现，很多人说话时，都会伴随着搓脸、抓脸的动作。在做这个动作时，头部会很自然地歪向一边，这样就会避免与对方的目光发生接触了。所以说，谈话时一旦对方做出用手搓脸的动作，很有可能是因为他在撒谎。

咬手指：

在公司里，一个女职员和她的上司说，明天希望请一天假。上司问她，怎么了？这时女职员低下头轻轻地咬着自己大拇指说，这几天身体不舒服，可能生病了要去看医生。通过这个场景，我们完全可以看出这个女职员的部分心理：心慌、不敢直视对方、不安，等等。一般来说，女性在撒谎时经常会做出咬手指的动作，同时还伴有低头、目光游移不定，等等。

抓耳挠腮：

抓耳挠腮这个动作并不像前面所说的那两种一样，是一个固定的动作或是姿势。它是一种无规律的动作，也许是挠挠耳朵，也许是挠挠脖子。总之，做出这个动作的人让人感到非常好动毛躁。而如果在谈话时，讲话的人不断地用手轻挠自己的耳朵或是搓自己的后颈，那说明，他不是觉得羞涩就是他对你说了假话，如果此时配合这些动作，目光也游离不定不与你对视的话，那他就一定是在撒谎。

隐藏双手：

藏起自己的双手，这是人类的一个天性。在我们还在童年时代的时候，一旦做错了事，或是对家长撒了谎，就会将自己的双手藏在背后。随着我们的成长，我们渐渐放弃了用手藏在身后的方法来掩盖自己的心虚，而是采用了一些其他方法。但无论是什么方法，我们都习惯性地想将双手隐藏起来，也许是将手放到衣服口袋里，也许是装作找东西而把手伸进提包里，等等。

从心理学的角度来说，一个人如果说的是真话，那他会想尽各种办法来使对方相信，所以他的手会暴露给对方以增加说服力。反之如果一个人撒了谎又怕对方看出端倪，他就会极力地减小自己的动作幅度，并且将双手隐藏起来。

手擦前额：

这个动作和擦汗的动作非常相似，所以很多人都会以为对方是在抹汗，其实仔细观察的话你会发现如果真的是抹汗的话，动作会非常有力，非常流畅。而撒谎时所做的动作则看起来非常无力，好像仅仅是从前额上划过，或是将挡在额前的头发拨到一边一样。因为撒谎者的目的很简单，只要避开与你的目光接触就可以了，所以他只会象征性地用手擦一下前额而已。所以在谈话时，一旦对方做出这个动作，一定要观察清楚他是在擦汗，还是在为他的撒谎行为做掩饰。

用手掸袖口：

可能有些人已经注意到了这个情况，在谈话过程中，有一些人总是会慢慢地低下头看着自己的袖口，然后伸出手来轻轻地掸一掸袖口，或者像是摘绒毛一样在袖口处捏来捏去的。其实他的袖口并没有脏，也没有什么所谓的绒毛，他这样做只不过是因为心慌而想避开你的视线而已。如果在交谈时，对方做出了这个动作，那你一定要注意，因为这很可能是他想要撒谎，或是正在撒谎的一个预兆。

以上列举了一些撒谎时所常见的手部动作，这些手部动作都非常隐蔽，经常被人们忽略。所以说，在交谈时一定要留心观察这些不起眼的手部动作，这将成为你识破谎言的一大助力。

MICRO EXPRESSION PSYCHOLOGY

第五章

通过姿势看人

通过站姿看人

站姿是人类最常见的一种动作，表面看上去差别不大，但如果仔细观察，就会发现每个人都有自己习惯的站姿，几乎一人一个样。站姿并不是随意出现的姿势，它可以反映出一个人对别人的看法和他的性格等。通过观察一个人的站姿，我们就可以分析出许多内在的信息。

双腿交叉的姿势。我们在一些公共场合经常会发现有人保持双腿交叉的姿势。如果你注意观察，一般还会发现他们与其他人之间的距离相对较大，这都透露出一个信息，那就是他与周围人不够熟悉。双腿交叉表示一种保留态度或轻微拒绝的意思，带有封闭和自我保护的意味。男性做出这个姿势，可以体现出他并不想离开此地，但由于他对环境陌生，因此必须保护自己不被攻击，有些拘束和缺乏自信心的感觉。女性做出这个姿势的大概意味与男性差不多，同样并不想离开此地，但她想与他人保持距离，不想被侵犯私人的空间。

双腿张开的站姿。由于这个姿势有展示生殖器的意味，所以女性极少使用，但男性使用较多。这个姿势多用来显示自己的支配地位及男人气概。在运动场的开始或终场，男选手们多采取这种姿势显示自己的力量。

双腿并拢的站姿，也就是立正的姿势。无论男性或女性，都广泛使用这种站姿，是日常生活中最为常见的站姿。这种站姿较为正式，代表着中立的态度，既不亲热也不抗拒。陌生男女初次见面时，女性采用这种姿势，会给人以矜持、端庄的感觉。在地位低者见到地位高者时也常采用这种姿势，如晚辈见长辈，下属见上司，学生见老师等，来表示对地位高者的尊重。

一只脚在前一只脚在后的站姿。这种姿势在聚会中较为常见，从中可以很明显地看出一个人的心理状态。通常在前的脚所指的方向就是他最想去或最感兴趣的地方。如果他和一群人交谈，通常他会把脚指向他最感兴趣的那个人。如果他想离开，他会把脚指向旁边。

双脚自然站立，双手时不时插入裤兜的站姿。这种姿势让人看着有些忙碌，实际上只是说明他局促不安，不知如何是好。这种站姿的人热爱思考，比较小心谨慎，做事之前需要知道事无巨细的计划，否则办事畏畏缩缩，缺乏主动性和灵活性，导致很多问题解决过于生硬，而事后又经常后悔。他们经常把自己隔离开，构建自己的梦想，但往往禁不起失败的打击，在逆境中丧失信心。在爱情方面，他们也同样过于胆小。他们把爱情看作十分神圣的东西，绝不会轻易地喜欢一个人，更不会随意地表达自己的爱意，很容易错失爱情。

双脚自然并拢或自然站立，双手背在身后的站姿。常用这个站姿的人比较乐观，容易与人相处，他们喜欢夸奖别人，并且很少拒绝别人的要求。虽然并不善于拍马屁，却常常让对方感觉到被拍马屁的快乐。对待工作也是踏实肯干，不过就不要指望他们在工作中有什么开拓和创新的精神了。对待爱情，这个站姿的人却往往不够沉稳，显得急躁。他们经常对一个人穷追不舍，发誓非他（她）不嫁（不娶），但实际上却难以经受住长期的考验，成为爱情的逃避者。

双脚平行站立，双手交叉抱于胸前的站姿。这种人叛逆性强，具有强烈的挑战和攻击意识。我们更多的是在电影的黑社会中，看到这种姿势。他们对看不惯的东西都要反抗，容易惹出麻烦。在工作中，会把束缚他们手脚的规则通通打破，即使没有能力打破，也要大声地说出自己的理由，来显示自己的存在与不同。这种人比其他人更敢于表现自己，也因此，通常看上去更有创造能力。不过，由于过于肆意妄为，很少有领导可以驾驭他们。

双腿自然站立并偶尔抖动，双手扣于胸前，大拇指互相搓动的站姿。这种站姿相对少见，喜好这种站姿的人表现欲很强，十分喜爱出风头。为了表现得和大家不一样，常常故意站在大家的对立面。由于争强好胜，往往容不下别人，也不被大家认可。但实际上他们的智商很高，对很多事比一般人的观点确实要高明。

两脚交叉，一手托着下巴，另一只手托着前一只手的肘关节的站姿。这种站姿的人多愁善感又喜怒无常，刚才还对你夸夸其谈，突然就一语不发，让人摸不着头脑。不过他们其实十分有爱心，乐于帮助别人。而且十分的坚强，即使面对多大的挫折和困难，也不会低头认输。他们对事业很有自信，工作十分卖命，是典型的工作狂。但也因为忙于事业，容易忽视自己的爱人。

双脚自然站立，左脚在前，左手放在裤兜里的站姿。这种站姿的人喜好清静，给人以文质彬彬的感觉，通常与人关系十分和谐。虽然平时比较老实，但碰到一些触犯他的底线的事情，会比平常人更加暴躁。在工作上，他们十分替客户着想，帮助客户分析利弊，往往能够与客户建立非常良好的关系。在爱情上，有着一种超然的心态，反对相互束缚，认为没有必要把爱情搞得过于沉重，同时也十分讨厌把爱情功利化。如果某人是为了钱和一个人交往，会受到他们的鄙视。

两腿分开直立，抬头、挺胸、收腹的站姿。“站似一棵松”是社会上普遍欣赏的站姿。因为这种站姿的人健康、自信、有魄力，在他们的身上没有恐惧与畏缩，即使当时实力并不雄厚，但仍给人安全可靠的感觉。他们社交能力很强，容易成为圈子的核心，正直又有责任感，是大多数女性欣赏的对象。

双腿弯曲、头部下垂、胸不挺、眼不平的站姿。这种站姿的人大部分是缺乏自信，不敢承担风险和责任的人。还有可能是做贼心虚或者身体有疾病，总之心理或生理不健康。

双腿似直非弯的站姿。这种站姿的人属于墙头草类型，善于见风使舵。同时城府很深，伪装得很好，拍马屁功力了得，总是恰到好处，让人感觉不到是马屁。不过其中也不乏阴险歹毒之人。缺乏主见、优柔寡断之人也会采用这种站姿。

双手叉腰的站姿。这种站姿的人往往野心也大，并且敢想敢干，自信心十足。希望自己能在最短的时间内，完成自己的目标。他们并非不自量力，很有可能真的会一飞冲天。遇到这种人不可小瞧。

低头含胸、双肩微收的站姿。这种站姿的人看上去文弱温和，往往谦虚谨慎，但自信心不足，不够果断，在遇到重要的事件时，往往惊慌失措，手忙脚乱。他们喜欢稳定的生活，害怕冒险，但又爱慕虚荣想表现自我，却没有勇气去充分地展示自己，往往得不到想要的注意。

含胸驼背，略显佝偻的站姿。这种站姿的人看上去无精打采，十分消沉。他们对世界缺乏安全感，戒备心理过强，让人难以接近，基本处于自我封闭的状态。表面上，他们让人觉得饱经风霜，实际上的经历和其他人可能并未有什么大的差别，只是因为性格的原因，让他们有逃避的理由。

靠墙站立的站姿。这种站姿的人，往往受到过挫折，内心的失败感很强，需要外力去支撑自我。他们不想隐藏自己的感觉，有什么说什么，但比较注意方式，很少让人感到厌恶。在与其他人的接触中能够真心相待，并且常为他人着想，比较受人欢迎。

双腿自然伸直，上体保持挺直，左脚顺脚尖方向伸出，身体重心落于右脚的站姿。这个站姿类似于部队里的“稍息”，采用这种站姿的人通常信心十足，有很强的控制欲，是人际交往中那个主动出击的人，容易成为社交圈子里的领袖。

站立时喜欢抖小腿或脚尖的站姿。这种站姿的人大多比较保守，不太善于交际，喜欢孤芳自赏，凡事从自身利益出发，不太在意他人，对异性有着过于强烈的占有欲。虽然他们对朋友不够热情，但他们头脑敏锐，当朋友有难时，可能会提出十分有帮助的建议。

不能静立，不停变换站姿。这种人往往性格急躁，身心经常处于紧张状态。想法经常变化，因而比较喜欢接受新鲜事物与新的挑战，是一个典型的行动主义者。

这些就是常见的站姿所包含的不同性格特点，但实际生活中，一个人的站姿往往会有不同程度的变化，这也是由一个人的心理变化造成的，我们要随机应变，根据现场实际调整自己的认知。

通过坐姿看人

人的身体动作包含了众多的信息，构成了人的身体语言，而就座的姿势就是这个身体语言系统的一部分。每个人就座时，都会呈现不同的坐姿。而坐姿的形式并不是随意出现的，它和一个人的性格、心理活动有着密切的联系。学会观察坐姿，对你在日后识人办事，会有极大的帮助。

猛然坐下的人，表面看上去会觉得比较随意，不拘小节，但极有可能是故作姿态，来掩饰内心的焦躁不安。如果两个人比较熟悉的话，则可看作确实是放松的表现。

仰靠椅背，深深地坐在椅子里的人，通常可以看作是向对方表示自己的心理优势。因为坐姿并不是一个安全姿势，人的本能中如果遇到危险是要站起逃跑，而这个坐姿是最不便于逃跑的，他认为对面的人并不会对他构成威胁，所以不必紧张。

坐在椅子前半部分，不靠椅背的人，与上一种人正好相反，他们无意地向对方展示了自己的心理劣势，缺乏足够的安全感，抱有过强的戒备心理，随时做好逃跑的准备。他们往往过于神经质，纠缠于细枝末节，容易在大事上吃亏。

斜躺着坐的人，通常比身边的其他人具有更强的优越感，通常他们身居要职，所以才有斜躺下说话的资本，但这个姿势也在一定意义上表明，他们自我膨胀，缺乏对人基本的尊重，很难得到下属真正的拥护。还有另外一种情况，采取这种姿势的人可能并没有很高的地位，他们采取这种姿势，不过是故意在自己和其他人之间造成距离感。因为他们都十分自卑，对他人和外界充满怀疑。想要与他们搞好关系，必须降低自己的姿态，让对方感觉到放松，才会与你真正进行沟通。

身体半躺，双手抱于脑后的人，通常比较随和，与人相处融洽。这种姿势显得悠闲自得，而他们大多在现实中也确实是这种人。由于适应能力强，对事业充满干劲，有完成一件事的毅力，加上良好的情绪控制，优秀的人际关系，往往都能达到一定程度的成功。他们喜欢学习，雄辩能力很强，但注意把握自己，不会不分场合地表现自己。对于金钱，他们过于洒脱，花钱时很少有周密的计划，大多是随性为之。虽然收入不错，却也常常入不敷出。不过和这种人谈恋爱通常不会遇到太大的烦恼，他会让人十分愉快。

在座位上，背靠别人或深深地靠着椅背听讲的人，往往对你的言语毫不关心，希望讲话尽早地结束。这种姿势的人内心优越感很强，如果他挺起胸，头朝天花板，向下看你，那就完全没有把你当回事，并且轻视和厌恶你。如果他把手握成拳头并放在桌子上，那么威胁和恐吓的意味就很强了。记得主要看他的坐姿，如果他坐姿如此，即使面带笑容，他也注定心怀轻蔑。

挺直腰杆和上身前倾的人，通常挺直腰杆是为了表示尊敬，来取悦对方。还有可能是觉得对方的言谈有自己感兴趣的内容，以此来表示自己的兴趣。如果他对你的内容继续感兴趣，那么很可能就会将上身前倾，尽量地接近你，这样就表示他兴趣极大。如果此时向他推销什么，那成功的可能性就非常大。

身体前倾，左手放于左膝，右手肘搭在右腿上的人，这个姿势显示对方已经准备就绪，要对这段会谈采取结束性的行为。如果你是一个谈判代表，对方在听完你的讲话之后，十分感兴趣，气氛融洽，此时对方做出了这个姿势，那么你可以顺水推舟，询问对方对这事的根本看法，多半你能得到肯定的回答。但如果之前的气氛并不友好，那这个姿势同样说明他要结束这次谈话了，你最好在之前让他改变态度或知趣地离开。

身体前倾，双手分别抓住两个膝盖，或者两只手抓住椅子的两侧的人。这个姿势有些类似赛跑比赛中的运动员，随时准备开始离开。身体前倾并不总是代表对方对你的话感兴趣，有时候这正是想结束会谈、离开座位的信号。

身体弯曲，将手夹在大腿中间的人，大多是因为外部环境的寒冷。如果不是外部环境的原因，那么这个人就是严重缺乏自信，他们安全感极差，有着相当强的防御心理，也因此把自己与其他人隔离开来，让人难以接近。他们自己对生活有着许多的期待，但因为害怕付出没有回报和各种突发情况，从不为之付出行动，最终很难成事。如果你知道采取这个姿势的人绝对不是这种性格，那他故意摆出这个姿势，只是为了告诉你，别说了，我对你所讲的毫无兴趣。

通过就座时手的摆放看人

在就座时，我们大多并未注意自己的手部姿势。但手部姿势并不是随即出现的，它与自己当时的心理状况和潜意识的性格有很大的关系。如果你能够认真地观察就座时的手部动作，你就会发现手也会向你讲述一个人的性格。

手臂弯曲，双脚向外伸的人，通常喜欢制订计划，但却没有足够的毅力去执行。他们的理想很美好，但却丝毫不肯为之付出，喜欢做白日梦。与这种人在一起，经常会遇到各种各样的麻烦。

一只手撑着下巴，另一只手搭在前一只手的手肘上，并且架着二郎腿的人，通常都不拘小节，比较大大咧咧，面对失败也一笑而过。不过，和这种人交往你要多加小心，一旦有机会让他逃脱责任，他就会用尽各种可能的卑鄙手段来为自己谋利益，你不要白白地背黑锅。

读书时，用手撑着下巴并且姿势很松懈的人，通常他们的读书效率很低，这种姿势说明他们没有把精力集中在书本上。一些理解或记忆内容有困难的人也会采取这种姿势来看书。

双手抱在后脑勺上，手肘向外突出，通常这个姿势会与“4字腿”或双腿分开幅度较大的姿势相结合。这个姿势基本上是男性专用的，意味着冷酷、自信和无所不知。男人们用这个姿势来给别人施加压力，同时制造自己轻松自如、高高在上的感觉。使用这个姿势的大部分是管理层的职员和一些自以为无所不知的人，他们用这种姿势来宣示自己的空间和博学多闻。由于这个动作会展示女性的胸部，所以女性无法通过它来展示自己的攻击性。也因此，一般女人会对采取这个姿势的男人心生厌烦，因为她们没有办法通过模仿这个动作，造成身份的平等。

用手抚摸颈后的人，通常出现了负面情绪，并想反击对方，是防卫式的攻击姿势。男性采取这种姿势，说明他开始思考反击的办法。而女性做出这个姿势，并撩起自己的头发，更多的是在掩饰自己的负面情绪。

把双手放在屁股下坐着的人，如果不是出于寒冷的天气，那么则说明他们的心里有着其他人不知道的巨大负担。他已经十分努力控制，让自己平静下来。与他们交流的时候要谨慎小心，千万不要触碰到他的敏感部分，沉重的负担一旦宣泄出来，他们就会变得十分具有攻击性。

喜欢将两手放在膝盖上，双腿和双脚紧紧靠在一起的人，通常非常保守。这种姿势端端正正，但又比较古板，喜欢这种坐姿的人，往往也是如此。他们为人谦虚，喜欢替别人着想，很受周围人的喜爱，朋友不少。在工作上也是踏实认真，肯为自己的理想而努力。但由于性格比较内向，不敢大胆表露自己的爱意，对待爱人有时也显得有些冷淡。他们做事有着自己的原则，那些夸夸其谈却不动手的人，是最受他们厌恶的。

手按住膝盖，双腿交叉的女人，看上去和蔼可亲，但是千万不要被表象蒙蔽，其实她们十分的古板苛刻，遇到事情想找她通融，简直是不可能完成的任务。她们不仅对待陌生人如此，面对追求者更加古怪，动不动就四处喷火。实际上，这种人心里缺乏安全感，对外界充满恐惧，所以表现出谨小慎微，对外界防卫过度的架势。

双手交叉放在大腿两侧，双腿与双脚跟靠在一起的人，基本是最古板的类型。他们从不肯接受别人的意见，即使知道别人是对的，也会为了毫无必要的自尊心而坚持自己的错误。他们喜欢追求完美，但却经常做一些过于理想化的事情，却不肯为之付出百分之百的努力，经常是三分钟热度，就丢在一边，继续他的夸夸其谈，因此他们经常失败。不过这种人大多思维奇特，与常人不同，并且有自己执拗的理念，在艺术领域有时会有特殊的成就。对待爱情和婚姻，他们表面慎重，经常为自己制定一个美好恋人的标准，但现实中却难以找到，可突然有一天你就会发现，他与一个与原来标准相差很多的人恋爱结婚，速度之快，让人咂舌。

将手掌相对放于双膝之间，双膝靠在一起，小腿与脚跟分开成“八”字的角度的人，往往十分的腼腆害羞。他们是保守型的代表，对许多问题的看法停留在上个世纪，一旦有什么经验被他掌握，他就会当作一生的真理，完全不考虑时间的变化。对待爱情与婚姻，也坚持着传统的封建道德，让人觉得过于古板。他们害怕出入社交场合，与陌生人说话对他们是几乎不可能完成的任务，被动地说几句话就会脸红脖子粗。他们十分的敏感，别人毫不在意的动作就可能让他受到刺激，常常使人莫名其妙。不过他们对待朋友保持着“士为知己者死”的真诚的态度，只要你有求于他，他就会为你拼尽全力。

双手交叉放于腿上，右腿放在左腿上，小腿靠拢的人，通常会给人以和蔼可亲、热情好客的感觉，但实际上他们十分冷漠。在你求他办事的时候，你就会明显感觉出他的爱搭不理，让你大跌眼镜。他们喜好对周围的人炫耀自己的心机，并且把自己三心二意的做事习惯当成优点四处吹嘘，让人难以理解。

双臂张开，双腿交叉的人，遇事沉着冷静，善于接受别人的意见，可以随机应变，处理各种突发事件，骨子里有一股指点江山的霸气。在日常的生活中，平易近人，和大众的关系良好。但实际上他们在与人接触前，一定对人进行了充足的观察和了解，并且会把自己的真实情感隐藏起来。

双臂交叉抱于胸前，双腿交叉的人，缺乏冒险精神，安于现状，不想改变，他们乐于遵守现成的规章制度，是个随遇而安的人。但他们有些过于不思进取，对待工作缺乏起码的责任心，不能正常地完成自己的工作，也不愿意为别人提供帮助。当遇到困难的时候，却总是想躲起来就不会有问题，或幻想别人来帮助他。

通过就座时腿脚的摆放看人

就座时我们的腿和脚，为了保持平衡和舒适，会做出适合自己的姿势。由于这些舒适感的获得不仅与人的生理因素有关，还与人的心理有着很大关系，所以腿脚姿势的形式也反映出人的性格与心理。

双腿张开、姿态懒散者，通常体型偏胖。由于腿部的肉较多，行动不太方便，做其他的姿势很难。这种人经常发出豪言壮语，但说得多做得少，所想之事经常被自己夸大，不符合现实情况。

双膝靠紧、腿部交叉、左肩上耸的人，通常比较谨慎，但不论男女都缺乏果断的气魄，喜欢听从别人的建议。不要对这种站姿的男人抱有太多的希望，他们很多时候表现得确实不够男人。

一只脚架在另一只脚上，双肩耸起的人，虽然乍看起来十分有气势，但他们往往是志向远大，却缺乏实际有效计划的人，也不可能完成他们那看上去很美的计划。

在公共交通工具上，坐下时两脚伸开在外，妨碍他人走路，同时双手插进口袋的人，大多现实生活比较困顿，他们对现实十分不满。如果他自身的长相不好，更可能因为自卑而做出过激的举动。因此，对这种人，最好避而远之。

看书时，脚尖竖起，同时眼睛不断向上翻的人，基本都是急性子。有时候他会有很多的时间，并没有其他的事情需要他去马上处理，但他还是显得十分着急，无法静下心来。

把腿放在椅子扶手上的人，通常对你所讲的内容漠不关心，甚至对你很不耐烦。这个姿势是一个相当男性化的姿势，强调了男人对这把椅子的所有权，展示了自己的高高在上的优越感。如果在商务活动中，对方摆出这种姿势，那说明他对你毫无兴趣。想要改变他的态度，你必须首先改变他的坐姿。请他向前坐，给他看一些资料就可以很好地解决这个问题。

骑跨在椅子上的人，通常是想要获得支配地位，同时也比较谨慎。椅背可以保护人的身体，同时能给人支配感。骑在椅子上，双腿会张开很大，可以展示男性的性器官，同时又有椅背的保护，可以不用担心受到攻击。这种坐姿的人，防御性强，同时具有攻击性，性格上大多唯我独尊，想在圈子中获得领导地位。

将左腿交叠在右腿上，双手交叉放在腿根两侧的人，通常自信心很强，他们天资聪颖，同时可以为了自己的理想付出努力。本身的协调能力也很不错，容易成为社交圈子中的领导人物，其他人也往往乐于被他领导。但他们由于过度的自信，往往得意忘形。在与他人争论某件事时，过于坚信自己的看法，大部分时间可能只是在讲述自己的理由，并没有去思考别人究竟说了些什么。而且他们往往喜新厌旧，见异思迁，遇到新鲜事物会忍不住想去试试。

双腿并拢，平直伸出的人，善于交际，处事果断，他们对很多事情有着自己独立的看法，不为教条所束缚，很有组织和领导才能，容易成为社交圈中的领袖人物。他们性格开朗，喜欢与周围人进行交流，但又十分注意度的把握。在得知别人的秘密后，可以严守，绝不会泄露。当然对于自己的秘密，他藏得更深，不到万不得已，你别想从他嘴里听到只言片语。

双腿并拢、同时向左或右偏。这种坐姿基本上是女性独有的，如果男人摆出这个动作，说明他十分的女性化。这种坐姿的女性自尊心很强，渴望受到别人的关注，在与她的交往过程中要注意不要伤害她的自尊心，其实只要多多地拍她的马屁，表扬她的容貌和品位，很容易就会获得她的好感。她们通常表现得很冷淡，对待好朋友也是半冷不热，毫不关心他人的隐私，也没有把他人秘密当作有趣的事情泄露的爱好。但如果你做了让她觉得无法忍受的事情，她就会对你疯狂地报复，通过各种途径来贬损你。

双腿并拢、脚尖内敛的人，多是女性，喜欢以弱者身份自居，以需求有能力的人为自己解决困难。她们往往过于天真、柔弱，完全不知道一件事情究竟该如何进行，总是寄希望于别人的帮助。于是毫无主见，不管别人说的对错，很容易就盲从他人，上当受骗的可能性很大。

双腿分开角度很大，并且用力前伸双膝，但双脚缩回的人，对当前的话题毫无兴趣，所以不要继续对他们浪费口舌。如果一个人经常摆出这个姿势，那说明这种人的占有欲很强，你很难在与他的交往中不被他干扰，反抗他的支配就会让你大伤脑筋。他们喜欢打探并宣扬别人的秘密，通常还会加以夸张，与这种人交朋友一定要小心。

双腿交叉、脚尖着地的女人，往往有着高远的理想，内心狂野，肯为自己远大的理想而努力，能够在过程中一直维持旺盛的精力和不达目的不罢休的决心，绝对是女中豪杰。但在爱情方面，他们过于苛刻挑剔，很多优秀的对象因为微不足道的小事就被她们放过，最终却很难找到合适的伴侣。

跷二郎腿的人，通常较为自信，并且在当前的环境中感到很放松。大部分男性跷二郎腿是为了显示自己的精明能干，毫不惧怕对手。女性跷二郎腿则更多是希望能够吸引对方的注意力。在跷二郎腿时，哪条腿在上，同样说明性格问题。习惯右腿在上的人，性格比较内向，不论在工作还是爱情上，都习惯处于被动位置。在工作上，喜欢配合别人，对于主动带领自己的人抱有感激之心。在感情上，不喜欢主动追求别人，尤其是喜欢这种姿势的女性，基本不会与男性主动接触，并且对没有勇气主动接触女性的男性嗤之以鼻。习惯左腿在上的人却正好相反，他们性格外向开朗，喜欢与陌生人交流，无论是工作还是爱情都比较主动，通常是发起攻击的那个人。虽然显得张扬，但他们沉着冷静，心思缜密，并不常犯错。

跷二郎腿时不停地交换左右腿的上下位置，青春期的男孩做出这个动作的原因，大多是他们压抑的性欲得不到满足，不停地变换腿的位置可以刺激性器官，减缓性的渴求。如果一个人自己做出这个动作，大多是因为他寂寞或者不安，需要通过肢体动作来发散注意力。而如果是在谈话的时候做出这个动作，那么他明显对这次交谈毫无兴趣，想要离开。

脚尖不停晃动乱踢的人，通常比较紧张或者烦躁，所以通过身体动作来分散自己的能量。如果你正在和对方进行商务谈判，对方做出这个动作，说明他已经很不耐烦了，最好还是换个话题，或者改日再谈吧。如果并没有什么让他紧张或者烦躁的事情发生，他却表现出这个动作，往往说明这个人缺乏耐心，没有胆略，做事不够冷静。

双腿在膝盖处叠放，一只脚脚尖着地，小腿拱成弧形的人，表面洒脱轻率，但实际上比较羞怯，他们内心沉稳，在工作和交际中，喜欢循序渐进，稳扎稳打。

双腿在大腿部分交叉，小腿相互垂直，这种姿势多为女人所有，她们性格上往往较为孤僻，不喜欢参加交际活动，对自己缺乏足够的信心，以至于不敢独立处理事情。但这并不说明她们不善于思考，实际上他们头脑冷静，不会盲从于他人。

双腿脚踝处交叠，膝盖弯曲的女人，看上去十分有女人味，她们懂得如何利用身体姿势去展现女人的魅力，以达到利用他人的目的。

双腿相叠，高跟鞋时脱时穿的女人，大多是对你有性的欲望，如果她用脚尖挂着高跟鞋晃来晃去，或者用脚去踩你，都是在引诱你。

通过步伐急缓看人

走路是非常常见的动作，每个人要去的目的地不同，去的方式也不同。即使都选择走路，我们也会发现不同的人有不同的走法。即使面对的事情一样，我们也会发现有人走路慢悠悠，有人走路急匆匆。步伐的不同体现的就是性格的差异。

步伐急促的人：

如果并不是有急事需要赶时间，他仍然急匆匆地赶路，那就是性格的原因了。这种人是典型的行动主义者，他们不喜欢废话，讲究实干，并且精力充沛，做事从不拖拖拉拉。面对生活中的各种挑战都能从容应对，适应能力相当强。如果有什么紧急的任务需要找人完成，他绝对是可靠的人选。不过，如果步伐过快，并且横冲直撞，那么他就是个脾气暴躁的人，办事大大咧咧，缺少耐心与细致，事情办成的几率不高，即使办成也经常需要事后去填补窟窿。不过这种人对待朋友十分讲义气，不会做出对不起朋友的事。

步伐缓慢的人：

如果不是因为年事已高或身体欠佳，他们即使碰到要紧的事情仍然不慌不忙，那他就是一个典型的现实主义者。他们办事讲求稳重，绝不好高骛远，企图一步登天。他们的办事效率并不像他们的步伐那么慢，而是恰恰相反，他们经过深思熟虑后，有着极高的工作效率。也正因如此，他们可以凭着自己的务实精神，在没有背景和后台的情况下，闯出一番成就。他们不会轻易相信别人，但如果一旦把你当作朋友，就会与你肝胆相照，对自己答应的事情赴汤蹈火。但如果你骗了他，就不要期望他会原谅你，基本来说这辈子是别想再做朋友了。

步伐不急不缓的人：

如果一个人走路不急不缓，双手轻摆，他们大多教养不错，待人温和，一副文质彬彬的感觉。但是这种人通常缺乏远大的理想，不思进取，害怕未知的可能，愿意维持一成不变的生活。在工作中，他们依然保持这种态度，所以事业往往平平淡淡，很难获得升迁。不过他们通常沉着冷静，有独立思考的能力，所以比上不足比下有余，也不至于太惨。这种走姿的女性，大多比较顾家，是典型的贤妻良母。

大踏步的人：

有人走路时高视阔步，显示出强烈的自信心，他们往往豪爽、豁达，但又有些自满，并容易急躁。在工作中，他们不拘小节，说干就干，经常是团队中的领袖。他们办事前喜欢进行周密的计划安排，可以办成许多人认为的难事，但由于他们过强的能力，他们比较看不起办事拖拉的人，在批评时毫不留情面，让人觉得缺乏足够宽容的度量。

小碎步的人：

这种夸张的走路方式更多的是出现在电视中旧社会的女人身上，如果现实中一个男人采用这种步态无疑是相当悲剧的一件事情。这种姿势过于女性化，有一种阴柔的神经质成分在其中，这个走姿的大部分人都离群索居。他们生性腼腆，更由于自己身上的女性化特征而感到羞愧，害怕出入社交场合。为了避免他人的过分关注，他们把自己封闭起来，不允许别人走进自己的生活。在衣着上，他们打扮中庸，保持整洁却从不选择个性强的衣服。在习惯上，当他们适应了某种生活，就绝不会轻易改变做事情的方式。也许是他们过于隔绝自己，他们不会主动走进别人的圈子，所以他们的朋友很少，只有相识很长一段时间，对他们的生活相当了解的人才有可能成为他们的朋友。

踱方步的人：

这种人是江湖之中的老油条，他们十分稳重，遇见任何事情都不慌不忙，异常的冷静，不会被带有感情色彩的东西削弱自己的判断力。这种非凡的自控能力和理性精神让人不得不尊重他们，而他们对此虽不露声色，却也毫不推脱。在日常的生活中，他们努力追求完美，说话办事小心谨慎，言谈举止温文尔雅，尽可能地让自己在各个方面做到无可挑剔。为了保持这个完美的形象，他们从不向别人敞开心扉，流露自己的真情实感，虽然他们也经常感到很累，却依然坚持着自己交际的习惯。也因如此，他们在交际方面永远是中间派，绝不会让人觉得热情过分，也不会让人觉得冷若冰霜。点到为止是他们认为的最佳境界，以免自己陷入感情而做出对自己不利的事情。也许很多人觉得在感情的世界他们生活得太苦了，但他们自己全然不知，因为他们的快乐全部建立在自己事业的成功上。

脚步声响亮的人：

这种人主观性极强，他们自我评价极高，大多数时候认为自己的观点就是不容辩驳的真理，也常因此陷入偏执，导致不良的后果。他们是乐观的理想主义者，永远带着信心去设计自己的未来，相信自己会不断地进步。在他的设计中，总体是理性有条理的，但他们过于自大，强大的领导欲在他与别人之间难以产生平等的感觉，使合作很难顺利地进行。

脚步声轻微的人：

这种人带有猫的特性，他们警惕性很高，对所有的事物保持着防范的心理，在与人相处的时候刻意地保持距离。别人对他的善意帮助他会拒绝，别人需要他的帮助他也不会伸出援助之手，让人觉得冷漠无情，也因此几乎没有人能和他们成为真心的朋友。

MICRO EXPRESSION PSYCHOLOGY

第六章

言谈之中读懂他人

通过说话的音量和声调看人

音量是指一个人说话声音的大小，主要与声带振动的幅度有关。音量是一个人在声音控制中最便于控制的部分，也因此最能体现一个人的性格和心理。一个人说悄悄话和大声呼喊时的心理是不可能相同的。

平时声音高亢洪亮的人，属于热情、爽快的人，他们精力充沛，待人真诚，有着直来直去的性格，因此受到许多人喜欢，也难免伤了许多人。他们虽然知道这样的坏处，却觉得自己的方式没什么不好，完全没有打算改变的意图。他们一般为人正派，从不偷偷摸摸做事，有着很强的组织能力和责任心，适合担任领导职务。但平时缺乏耐心，有时显得过于莽撞，难免被人利用。

平时说话低声细气的人，大多性格内向、腼腆，缺乏自信。他们为人处事处处小心谨慎，害怕伤害别人，更怕因此而对自己不利。他们经常有意无意地保持与他人的距离，不想将自己的内心完全打开，透露自己的内心想法。但对待别人他们保持宽容，尽量避免产生麻烦。

说话时经常高声尖叫的人，大多是虚荣心很强的人。他们想让别人时刻注意自己，并且力争把自己表现得与众不同。但他们的表现缺乏真心实意，常常让人觉得做作，而且慷慨激昂之时，往往十分过火，以至歇斯底里，让人无法接受。

说话声音经常突然变小的人，通常十分情绪化。他们缺乏足够的自信心，经常认为自己缺乏能力。在要他去完成任务或者提到他的伤心事时，他经常会降低音量来掩饰自己的心虚。

说话声音经常突然变大的人，通常是固执而专心的人。他们在做事的时候非常有耐心，不论事情多么的复杂，对方的谈话多么的漫长，他都会认真地听取并思考。当其中有他认为的问题出现时，他就会大声地指出，与他的意见相左，他也会大声地与之争论。不过这也正说明了他们对工作认真负责的态度。他们大多数也都是工作狂，确定好目标，就会不顾一切地去完成。

声调是指说话调值的高低。气流在人的声带处的振动频率，决定了人的声调高低。一个人说话音调的高低与个人的性格心理是有关联的。知晓其中的关联，可以帮助我们闻声辨人。

高音的人，一般都是活泼外向型的人，他们奔放、豪爽，喜欢与人交际，但十分感性，缺乏理性的思考。人在紧张和不自信的时候，声带会收缩，声调会抬高，所以许多歌手在紧张的时候唱歌会破音。人在生气和烦躁的时候，声调同样也会抬高。

男高音往往带有女性特质，是非常喜欢说话的人，他们有着超快的语速和反应能力，会将他们联想到的事情迅速地说出来，并且话题源源不断。即使话题已经距离原来的主题相隔甚远，他也毫不在意。因为他并不关心谈话的主题，他所喜欢的只是谈话本身。并且只是享受说话的过程，如果在你说话的时候他突然想到了什么，他会毫不顾忌地将你的话打断，将自己的话继续滔滔不绝地讲下去。

由于生理原因，女高音比男高音要多。她们热情、开朗，不甘于平庸，有着自己的野心。她们对未来有着和别人不同的幻想，并不不单单停留在幻想层面，一旦有机会，她就会将其付诸行动。而且做起来绝不含糊，让人心生敬佩。她们的感情非常丰富，对待男女老幼都有一颗博爱的心，让人感觉她们十分的善良。但在异性之间她们却也无法保护好自己的爱意，她们容易爱上一个人，却也很容易就放弃，有时候甚至会同时爱上几个人。她对爱情还有着异常的狂热，为了爱情，可以抛弃一切，甚至包括事业、亲情，每次都轰轰烈烈，刻骨铭心。这些都让她的爱情经常处于一个难以控制的局面，并且很容易引起同性的嫉妒。

中音的男性和女性的性格几乎完全对立，他们分别站在理性和感性，冷漠和敏感的大桥两端。

男中音是理性和冷漠的代表。任何时候他们处理事情都十分的冷静，绝不会被感情冲昏头脑。他们自我保护意识很强，或许也可以说是疑心很重，对各种细节都十分注意，并且具有超强的洞察力和判断力。他们对人和事往往缺乏热情，大多抱着无所谓的态度，但他们的理性让他们把这份冷漠隐藏起来，因此表面看上去他们很容易相处，但实际上，他们很难与别人坦诚相待。

女中音是感性和热情的代表。她们对待周围的人十分的热情和感性，喜欢电视剧中的浪漫气氛。她们很容易就被感动，也很容易就被伤害，因为她们实在是太过敏感了。在别人看来一件微不足道的小事，就可以让她们感激涕零，同样也会使她们伤心欲绝。她们大多生活在自己的幻想之中，无法面对真实的生活，那对她们实在过于残酷。她们其实并不了解自己真正需要的是什么，却又不想或不能了解自己，只能在幻想中迷失自我。

低音的人，基本都是男性，这也是由于男女的生理区别所致。他们大多性格内向，言语不多，但通常为人诚实，并不缺乏办事交际的能力，常常给人以稳重、优雅的感觉。有些人为了吸引别人，会刻意地压低声调，但实际上很难起到应有的作用，反而让人觉得做作，让人厌烦。

男低音在与人交流时，大多保持着一定距离，并使用十分冷静的态度和语气，不会向对方迅速地表示自己的热情。但遇到不同的观点，他们也不会立即地拒绝，他们大多会斟酌自己的用词，让自己的表述周到、恰当，以免对方受到伤害。所以可以与对方保持一个相对既不过分亲密但又相处愉快的火候。这其实和他们的性格有关，他们本身有自闭的倾向，不希望对方看穿自己的心事，保持自己的私密空间。同时他们内心相当温和，不愿意伤害别人，所以在人际交往中选择这种方式。

通过说话的语速看人

语速是声音的一个重要表现形式，语速的快慢缓急可以体现出它的性格特征和当时的心理状态。留意一个人的语速变化，就可以留意到这个人的心理变化。

语速快的人，通常性格外向，给人朝气蓬勃的感觉。他们在各种场合都举止自然，很少感到紧张。因为在他们眼中自己没有什么秘密是大家不能知道的，甚至他会经常向别人讲述自己比较可笑的事情，来换取大家的笑声。他们没有心机，却十分会迎合别人的心理，因此在交际中出尽风头，很容易和别人打成一片。另外语速快的人通常思维速度也很快，他们可以在许多突发情况下随机应变，所以大部分都会取得事业的成功。但他们往往性情暴躁，沉不住气，容易发火。同时不喜欢听从别人的意见，有时会一意孤行。

语速过快的人，会给人一种十分紧迫的感觉，让人觉得发生了什么大事一样。伴随着不同的音色和声调会带给人焦躁、混乱或者粗鲁等感觉，让人不适。

语速平缓的人，大多宽厚仁慈，能够体谅他人。他们思维缜密，能够听取他人的意见，但仍有独立的见解。不过他们大多思想保守，缺乏魄力，面对突发事件，往往手忙脚乱。

语速缓慢的人，给人一种憨厚、老实的感觉，他们不会在别人面前表现出大的情绪波动，而把感情尽量地埋在心底。在处理问题的时候，不慌乱，尽量做到周全。一旦认准自己的目标，就不会轻易放弃，颇有“不撞南墙不回头”的倔劲。

这些不过是一般情况下的一些性格特征。在现实生活中，我们可以根据一个人说话的语速变化来判断他当时的心理活动。

一个平时语速很快的人，突然变得吞吞吐吐，十分有可能他就是在说谎，想要欺骗对方。但出于心虚，同时没有编好谎话，所以底气不足。还有一种情况就是出于紧张。比如是在公共场合的演讲，或者要他去向领导反映问题，还有可能是面对自己所喜欢的异性，都有可能因为害怕出错而变得紧张，导致语速变慢。

一个平时语速很慢的人，在面对别人恶意的侮辱时，仍然支支吾吾，吞吞吐吐，那很有可能那些侮辱就是事实，他缺乏反驳的事实与勇气。如果他立即用比平时快的速度进行反驳，那这些侮辱就更有可能是对他的恶意诽谤。

在交谈中，一个人突然加快语速，很有可能就是他不想回答现在这个问题，所以想迅速地敷衍过去。这个时候他的话往往可信度很低。如果一个平时语速很慢的人变得语速很快，向你讲述各种事情，那么毫无疑问，他的心中肯定有事情瞒着你，不想让你知道。

如果一个语速很快或者语速中等的人，突然放慢语速，那么大多是在强调要说的内容比较重要，想要以此获取对方的注意。这在演讲和辩论时经常出现。例如在辩论时，通常双方的语速都极快，不仅能够展示自己的气势，而且力求在有效的时间内迅速说出大量的观点来驳倒对方。但他们经常也会出现语速突然变得很慢的情况，这就是说明他在强调自己的观点，同时强迫所有正在听他讲话的人接受这个信息。

通过说话的风格看人

一个人未必会真正了解自己的性格，他也很有可能不知道自己的说话习惯。实际上，通过了解一个人的说话习惯，就可以看出一个人的大概性格。

善于言谈的人，通常头脑灵活，反应迅速，随机应变的能力很强。他们在人际关系上十分的圆滑，处理问题从不生硬，以免伤害到人，即使有时候必须侵犯一些人的利益，他也能通过这种途径解决问题，不会让人记恨他。不过他们也过于世故，如果你陷入困境，需要他们的帮助，很有可能也会被他用些冠冕堂皇的理由搪塞。

善于倾听的人，大多有着自己独特的思想，他们思维缜密，做事牢靠，不太喜欢张扬。虽然刚开始不会引起别人的注意，但一段时间之后就会显露出自己的实力，让人刮目相看，其人品也会得到别人的赞赏。

夸夸其谈的人，考虑问题具有整体性，大局观出众，但容易忽视细节，常常给自己留下许多未知的隐患。他们知识广博，思维新颖，常有前人未有的妙想，但对各种事物都缺乏足够的深度，不能深入细致地将自己的妙想进行下去，造成许多遗憾。

沉默寡言的人，通常警戒心很强。他们有的是出于内心，有的出于自卑，但都对别人有一个天然隔离的态度，“害人之心不可有，防人之心不可无”是他们人际交往的格言。拍他们的马屁往往会让他们更加不相信你。不过他们一般个人能力很强，他们虽然不露锋芒，但却可以做成事情，一般家庭和事业都会比较幸福。

大嘴巴的人往往过于幼稚，很难成事。他们大多没有心机，是个直肠子，想到哪里说哪里，从不说假话，也不爱藏着掖着。表面上看这样并没什么不好，但在成人的世界，这样就很容易伤害到别人。遇到别有用心的人向他们套话，他们也毫无防备，将朋友卖个精光。中国人讲究祸从口出，对于自己要说的话一定要谨慎。即使没有别人的秘密，什么都往外说也会显得这个人过于粗俗，无论是男性还是女性，都很难获得异性的青睐。

自言自语的人，通常是严重缺乏自信的人。他们做事缺乏足够的勇气，一直畏首畏尾。在生活中遇到利益被侵犯的时候，也不是选择反抗，而是忍气吞声。由于害怕自己表现不好而被别人嘲笑，他们的精神一直处于高度的紧张状态，通过自言自语来安慰自己，缓解压力。

啰唆的人，内心需要得到别人的认可，有些自卑。他们对生活中的琐事斤斤计较，对所有人吹毛求疵，在他们看来就没有舒心的东西。但当他们真的面对领导的时候，却往往没有胆量向领导反映问题，只能和自己身边的人撒气。想要和这种人搞好关系，只要听从他们的抱怨，执行他们的指示，就可以让他们获得成就感，而你也就会获得他们的信任。

说话幽默的人，通常待人热情、亲切，人缘十分出众。在工作中很少刻板地去执行条款，他们做事弹性十足，甚至会视情况具体执行。总体上，在工作和生活中都受到大家的欢迎。

交谈中软磨硬泡的人，有着一股不达目的不罢休的精神，直到对方实在受不了，答应了他的要求，他才会收手。这种人一般十分顽强，面对挫折丝毫不会气馁。

喜欢恭维他人的人，通常都老谋深算，处事圆滑，有着良好的关系网络。他们善于观察，能迅速地获悉对方的心理与喜好。在与人的交往中，弹性十足，可以通过双方的妥协最终达成自己的目的。这种人内心防御意识太强，人际关系对他不过是利益网，很难有真心的朋友。

强词夺理的人，总是让人无法和他们交流。对于任何话题，他们都喜欢插上一杠子。他们对电视报纸上的消息十分的敏感，但他们几乎是从完全相反的角度来看问题的。他们喜欢驳斥别人的观点，即使他驳斥的观点正确无误，他也会认为自己的观点没有错误。他们有时会按照自己的想法去办大事，但有时会为此付出惨重的代价，难以收拾残局。

喜欢争论的人，通常比较自以为是，总觉得自己掌握了真理。他们时刻想突出自己，如果别人有什么做的不对或说的不对，他们就会立马跳出来，据理力争，而且得理不饶人，一种要让对方永世不得翻身的感觉。其实追求公平，讲究道理并没有错，但凡事追求一个度，追求过了没人会觉得你是正义使者，只会让人觉得你是个没事找事的小丑。喜欢争论的男人比较情绪化，容易冲动，虽有奋斗的毅力，却常把时间浪费在无谓的争辩上，白白耗费了自己的光阴，也给自己树立了不少的敌人。如果女性喜欢争论，往往更不被社会接纳，即使当时争论赢了，也往往成为最后的输家。无论男女，与人争论都无甚太大意义，把时间花在实处，让自己的内力增进才是王道。

喜欢反对别人观点的人，是一个沉迷于权力幻觉，自我扩张严重的人。别人说的一切观点他们都会进行反驳，并且总是认为自己是正确的。即使潜意识知道自己是错的，也会执意地重复自己的观点，并试图用各种各样的借口来支持自己的观点。他们总是试图让对方屈服于自己的观点之下，一旦感觉自己的观点受到威胁，就会提供更多的信息来挽回自己的气势。只有感觉自己在气势上压倒了对手，他们才会停下来。这种人处处与人竞争，给对方以压迫感，显示出自己对他人的极端不尊重。其实这种无理是他缺乏安全感的过激反应，更显示了他外强中干的实质。

喜欢用手势的人，基本都是性格外向的人，他们热情开朗，面对陌生人毫无拘束，敢于让陌生人感受他们的热情。他们自信、乐观，而且伶牙俐齿，很容易将自己放松、快乐的气氛传达出去，因此很多人都喜欢与他们交流。不过他们有时候会过于自信，一旦有谁夸奖他们，很快就会得意忘形，开始高高在上地说话，对谁都一副发号施令的感觉。而且由于他们习惯了经常与人交流，往往耐不住寂寞。

被打断讲话后，把剩下的话吞回肚子的人，一般是属于没有自信的人。他们心里认为被打断讲话是因为自己的话没有吸引力，继续讲下去会自讨没趣。而且对方既然已经开始他的讲话，再打断他容易引起矛盾，所以他选择默不作声，并真心希望对方的讲话会引起大家的兴趣，以忘记刚才自己无聊的话题。

被打断讲话后，等对方说完自己继续讲的人，这种人十分的沉着稳重。他们知道对方缺乏对自己的尊重，但并没有选择过激的手段直接报复，避免了矛盾，又通过继续讲述，让对方知道自己的失礼，处理得十分成熟，而且也避免了自己话说到一半的尴尬。

被打断讲话后，立即要求对方不要打断的人，通常在性格上十分的强势，他们有着极强的自信，习惯以自我为中心，按照自己的想法处理事情，不接受别人对自己的干扰。这种人通常是有实力的领导，如果是身份平常的普通人如此，会经常引发冲突。

被打断讲话后，与对方抢着讲的人，大多是火爆脾气。他们认为对方打断自己是对他不够尊重，他就会以牙还牙，并不断提高音量来宣示自己的气势。对方将主动权还给他也罢，如若不然，则很可能会出现冲突。由于他们的脾气难以控制，遇到别有用心的人，就难免被人利用。

通过谈话的话题看人

言语是人们思想的外化形式，通过言语我们可以表达自己的情感和想法，达到沟通和交流的目的。在交谈之中，人们虽然不会随时都说出自己的真实想法，但谈话的内容却总是在不知不觉中透露出他们的真实意愿。一个人的经历、性格、对事物的判断必然会对人们的谈话内容造成影响，而通过细心的倾听，我们就可以从谈话中获取有用的信息。

爱说自己受异性欢迎的事情，在同性之间往往不过是日常的吹嘘。但在异性之间说，往往就别有深意。不要以为对方如果对你有意肯定会隐瞒过去的感情，有时候他们反而想通过你的反应来刺探你是否喜欢他。许多女性会对与自己关系暧昧的男性使出这招，如果对方表现得失落或不自在，那就说明对方喜欢自己。如果对方表现得无所谓或听得津津有味，基本就说明对方并不真心在乎她。知道这一点，男性在此时就应该大胆地表露自己的内心，不要让对方受这种煎熬了。男性有时也会对女性使出同样的手段，但确实显得缺乏自信，不够男子气概。

不愿意谈钱的人，往往将钱看得太重。他们大多十分的现实和物质，甚至是拜金主义者。把赚钱当作自己的人生目标，但一有了钱却又不知道干什么好。而且不管有钱没钱，指望他们慷慨解囊十分的不现实。这种人大多心灵空虚，思想平庸，活得很累。

经常抱怨的人，时常感到压抑，他们对生活的要求很高，但现实总是让他们的种种希望难以得到满足。他们通过抱怨来发泄自己的这种不满，如对薪水、上司、工作性质等。他们本身喜欢追求完美，并且对自己十分的自信。所以事情办不好，别人的责任自然最大，被抱怨也就顺理成章。但这种人太过于理想化，在现实中往往停留在抱怨阶段，只是动动嘴皮子发牢骚，并不能从中吸取教训，来为未来做准备，所以只能不停地抱怨下去。

喜欢诉苦的人通常真诚而怯懦。诉苦可以减轻自己内心的苦闷，在小时候的故事中，实在不能对别人说，也会对着树洞讲述就证明了诉说心事有多么的重要。一般来说，女性由于内心的承受能力较差一些，相对诉苦会多一点。但随着现代社会的压力增大，男性也越来越爱诉苦。男人的诉苦对象很少是同性，因为他们想维持在同性面前的男子气概，在女性面前诉苦更容易得到理解和支持。在他们信任的女性面前，他们坦率而真诚的如同小孩面对自己的母亲，充满了无助与信任。虽然偶尔诉苦会让人觉得这个人更有人情味，但是经常诉苦的男人留给对方的印象并不好。他们会给人留下怯懦、唠叨的印象，让人感觉缺乏男子气概。毕竟女性的同情心也是有限的，不会永远母爱泛滥地可怜那个在她面前可怜兮兮的家伙。女性同样喜欢在异性面前诉苦，虽然同性也不放过，但在异性面前才算是真正的“苦海无涯”。她们通常有着极强的依赖性，会对自己中意的人诉说自己的各种愁怨。即使没有具体的苦可以诉，她也会让你感受到温柔又莫名其妙的苦楚。这并不是她们矫情，而是她们需要理由来获得异性的关爱。一旦她们有幸遇到了一个有实力的男人，那么就陪着对方幸福，而如果没有那么好的运气，遇到的是一个潦倒的男人，那么也会陪着对方穷困。她们的依赖性实在是太强了，无法自己独立地在社会上行走。不过大多数的男人却会被这种诉苦的柔情迷倒，大概因为男人都希望自己能表现出拯救感的男子气概。不过爱诉苦的女性需要注意选择好诉苦的对象，如果一个女人同时向很多男人诉苦，很容易引起不必要的麻烦，也会让她的生活增加更多的痛苦。

喜欢炫耀学问的人，大多数是一瓶子不满半瓶子乱晃的。有些人说起话来，天文地理、七星八卦、古今中外就没有他不知道的一样，给人一种博学大师的感觉。但如果你对其中一门稍有研究，稍加深入一点他就会露出马脚。因为他对大多数知识都只是知道最皮毛的东西，一旦面对实质性的困难，他们不会起到任何帮助。毫无疑问，任何整天把学问挂在嘴边的人，都不是真正有学问的人。等他们真正沉下心来做学问后，也就会把学问从嘴边放到心里了。

喜欢畅想未来的人，大多是理想主义者。如果他能真抓实干，为了自己说过的话奋斗，那么最终会有所成就。而如果他只是一个爱动嘴皮子的空想家，那就只会生活在自己的白日梦里，怨天尤人，最终一事无成。

喜好东拉西扯闲聊的人，往往自以为是。他们常常并没有固定和喜好的话题，见到对方喜好或擅长什么他就说什么，真是“见人说人话，见鬼说鬼话”，可实际上无论是“人话”“鬼话”他都说不好，却自以为得意，觉得自己交流能力很强。这种喜好女性较多，而且多数爱闲聊的女性会搬弄是非，显得世俗又低级，在工作中很难有所发展。

喜欢自嘲的人，通常既幽默又成熟。因为自嘲必须有一定的勇气，有着乐观的心态和宽广的胸怀，能够接受别人的并无恶意的嘲笑。同样他们能够接受别人的批评和建议，时常反省并嘲笑过去的自己，进行改正，不断地完善自己。自嘲是谈话的最高境界，是以退为进，让人觉得幽默而又亲切。与他们在一起，你可以经常感受到欢乐。有时候他们也会做一些别人不喜欢的事情，说一些别人不爱听的话，但是他们并不想刻意地追求完美，自由轻松才是他们的追求。他们通常头脑十分的清醒，而且经常会有贵人帮助，在事业上都会有所成就。但在爱情上，却常被姑娘误认为是不严肃、不正经，虽然与很多异性都是朋友，却并不容易获得爱情。

喜欢说谎的人，通常都很有心计。一般来说，谎言分为善意和恶意两种。安慰病重的患者，或赞美女性的外貌等，会帮助对方建立自信心，于公于私，都是有益的。喜欢说善意的谎言说明这个人心思细腻，考虑周全，与这种人在一起一般会比较舒服。但一般来说善意的谎言在谎言中的比例很少，说的机会也并不多。但如果你面对一个欺骗成性的人，恶意的谎言就会一个接一个。喜欢说谎的男人经常甩出一句“我什么时候骗过你”来标榜自己对对方的真心。千万不要相信他对别人说谎，对你就会是正人君子，只是还没到拉你下水的时候而已，一旦时机成熟，他就会毫不犹豫，搞不好你被人卖了还帮人数钱呢。喜欢说谎的女人有一些只是为了得到更多的关爱，她们的谎言虽不是善意，但也谈不上恶意，很多时候只是为了获得别人的同情和爱，希望与别人平等地相处罢了。但还有一些女性会用各种谎言去讨好男性或欺骗男性，她们把谎言当作是日常生活的一部分，当喜欢她们的男人为了她之前的约会准备许久时，她却随便找一个借口推掉，反而与别的男人共进晚餐。这种心机过深的女人让人恐惧更惹人反感。俗话说“要想人不知，除非己莫为”，当谎言慢慢被揭穿之后，她们就会身败名裂。

不肯承认错误的人，比较固执而虚荣。在现实中，每个人都会遇到自己不熟悉的领域，再熟悉的领域也难免有马虎大意的时候，犯些错误在所难免。可有些人就是属鸭子的，全身都软，但嘴硬得很。他们都很自恋，认为自己见多识广，当你对他的观点有疑问的时候，他们总是一副“我吃的盐比你吃的饭还多”的架势。与他们商量问题是徒劳的，因为在他们那里，他的观点就是真理，你的观点不过是一厢情愿的胡说八道。其实在心里，他们有时也会知道自己错了，但是死要面子，虚张声势而已。其实承认自己的错误并不是一件没面子的事情，起码比赖着不承认错误要好得多。但是他们性格太执拗，处事很不成熟，所以才坚持这样。也由于这个性格，虽然他们做事积极，又有勇气和毅力，但却波折不断，难以获得成功。

通过打招呼看人

打招呼是人际交往中的一项基本的，也是至关重要的礼仪。打招呼的方式因人而异，透过这些不同的方式，我们可以判断他们的性格特征。

一些人，非常关心你的近况，嘘寒问暖，例如他们可能会询问你最近的工作状况，或者有没有生病，等等，这种人自信心强，对于有把握的事，能够持之以恒，把工作交给这种人，领导最放心。他们喜欢表现自己，绝不轻易放过展现自我的机会，比如，在工作会议上踊跃发言，或者在周末的娱乐晚会上，唱一首拿手的歌曲。

如果一个人对着你说："离我那么远干吗，你倒是靠得近一点呀。"这种招呼方式说明他是一个易于亲近的人，与他人之间没有陌生感，这种人易于沟通，乐于分享自己的观点和想法，如果找到合适的话题，他可以聊上一个下午，因此从来都不会感到孤独。同时他们富有求知欲，对于不懂的事情，从不吝惜自己的时间和精力，对生活充满信心。

见面之后，有些人会惊讶地说："几天不见，又变漂亮了！"或者干脆套用冯巩的经典台词："啊呀，我可想死你了。"这种人热情大方，能动性强，为人谦虚，不争强好胜，他们非常善于处理人际关系，能够迅速消除彼此之间的不愉快，但是，耽于幻想，以及感情用事也是他们的特征之一。

还有些人，喜欢向你打听一些旁门左道或者古怪的事情，这种人富有强烈的探索欲，对于新生事物具有敏锐的嗅觉和洞察力，他们不会急于行事，常常计划周全后才采取行动，办事执着甚至可以说执拗，只要自己着手的事情，一定要干出个结果来。

如果一个人用外语向你打招呼，你会作何感想？这种人无非是想通过这种方式卖弄，或者说炫耀自己，他们自信十足，喜欢展现自己，总是想着法子地推销自己。这种人大多拥有一定的知识储备，但因此就盛气凌人、吹毛求疵，又让他们变得高傲自大，目中无人。

打招呼时的习惯动作，也可以用来判断这个人的性格和心理。

与你握手时，夸张地上下摇摆手臂，或者意味深长地拍拍你的肩膀。这种人善于交际，能够迅速地驱散对方的不信任与犹疑，博得别人的认同和亲近。

握手时不敢用力，只是轻微地捏着对方的手掌，甚至于手心冒汗。这是没有自信心的典型表现，这种人性格内向，敏感脆弱，情绪波动明显，容易产生紧张、沮丧、痛苦等负面心理。

见面交流时，鞠躬致敬。这种人无疑是尊重他人的，懂得谦让，注重理解，他们能够克制自己的欲望，从不发表激进的言论，以平常心看待事物，很少与他人发生争执和矛盾。

行礼时，一边看着对方一边做动作，这种人生性多疑，总是强调自我介入的重要性，他们时刻关注着别人的言行举止，并试图从中猜测出一些隐含的信息。除此之外，他们的内心也残留着“压迫和奴役”的封建思想，阶级意识明显，总是想着如何在与别人的对比中，处于上风和优势地位。

挥手打招呼。这种人，对待同学和同事能够坦诚相待，相敬如宾。他们乐观开朗，富有亲和力，与人交往没有隔膜，诚恳真挚地表达自己的想法，乐意帮助他人，能够很快地融入新的集体和环境中去。

有些人不会将表情挂在脸上，打招呼时一本正经，不做鬼脸，不会傻笑，这种人原则性非常强，不屑于伪装自己的喜好，从来不会阿谀奉承或者委曲求全。但过于执着的秉性，也让他们难以通融，甚至与这个顺息万变的世界格格不入。

当然，打招呼的习惯用语也可以反映一个人的性格特点。

譬如，一个喜欢说“你好”的人，往往自控力强，能够理智沉着地处理突发状况，他们敬业务实，开朗大方，从来不在背后议论人的是非，但是他们偏于保守，因循守旧，对新鲜事物的接受力较差。

有人和你相遇后会轻轻地摆手，然后小心翼翼地问候一句“嗨”，这种人往往生性内向，多愁善感，不善于交往，也不喜欢表现自己，抗压性差，遇到困难和挫折容易灰心丧气，进而失去前进的动力。

有些人则喜欢用“喂”来打招呼，这种人生性活泼，善于交流，乐于吸纳不同的观点和态度，他们能够积极地面对困难和挑战，富于创造精神，幽默感强，非常善于调动周遭氛围。

MICRO EXPRESSION PSYCHOLOGY

第七章

穿着、打扮暴露内心

通过穿衣风格看人

我们先来看一下一些典型的穿着类型反映了怎样的性格和心理。

喜欢穿朴素衣服的人：

在这类人里面，单位职员占了很大一部分。他们因为工作比较稳定和单调，于是也喜欢穿那种比较朴素的衣服。这类人大多耐力和毅力很强，但是容易被环境改变。如果是本身就喜欢穿朴素衣服的，那这种人生性就比较谨慎，做什么事情都是有计划的，而且这种人比较讲诚信。

喜欢穿时尚衣服的人：

这类人大都是那种喜欢跟随潮流走的人，流行什么他就穿什么，就像水里漂浮的树枝一样，水往哪边流，他就往哪边走。这种人通常很没有主见，总是要听别人的意见，而且容易被他人的思想左右。他们不知道自己真正喜欢的是什么，而且情绪经常会不稳定，属于比较善变的人。

不理会时尚而只穿自己喜欢衣服的人：

这种人多半比较独立，自我意识很强，不喜欢跟着别人的脚步走，总是按照自己的意志来行事。他们往往做事非常果断，有主见，不会随便听从别人的意见。

总是穿同一样式衣服的人：

这种人通常是比较直爽的性格，属于事业型的人。他们对人对事都有很清晰的原则，做事干净利落，遇到事情总是能很果断地处理。他们有强烈的自尊和自信，对他人也非常讲信用，但是有时自我意识太强，显得有些清高，给人一种不容易接近的感觉。

喜欢穿长袖衣服的人：

这类人大多属于保守型的，他们的思想很传统，难以接受新鲜事物。在做事方面，他们也总是规规矩矩，按照程序一步步来，通常不会出错，但是同时也缺乏创新意识，很难有比较好的创意。从另一方面来说，他们这种循规蹈矩也让他们能很好地适应规则，无论到什么环境里，他们都能很快地融入其中，这让他们的人缘十分好。在交际方面，他们很注重自己对外展示的形象，他们通常会把自己打扮得很正式，以此来营造一种正面形象。

喜欢穿短袖衣服的人：

这类人多半是比较热情的，他们的性格属于外向型，对人比较亲切，有良好的人缘。在做事情的时候他们不喜欢一成不变，总是要有一些变动。他们的创新意识很强，经常可以做出一些有创意的事情。他们是那种有些小任性的人，但是同时心里又非常明白，能够理智地控制住自己，因此不会做出什么过分的事情。在对待事物的态度上，他们总是凭着自己的喜好来判断，而忽视客观情况的存在。

喜欢穿紧身衣服的人：

这类人喜欢的衣服虽然很有约束性，但是他们的性格其实是很放荡不羁的。他们崇尚自由，喜欢那种无拘无束的生活，经常会有叛逆心。但是这类人的意志不够坚定，经常会被所处的环境影响而顺从。他们在生活上往往很有自制力，不会做那些太出格的事情。

喜欢穿宽松衣服的人：

这类人虽然穿的衣服很宽松，但是其内心其实是很紧闭的。他们的性格属于内向型，比较孤僻，不喜欢与人打交道，大部分事情都是喜欢自己一个人做。有时他们也会有与人交往的冲动，但是他们偏向于完美主义，眼里容不下别人的缺点，因此还是无疾而终。这类人的行动能力比较差，但是思考能力很强，属于思想者类型，经常会有一些很有创意的想法。

不修边幅的人：

这类人在穿衣上没什么讲究，有什么穿什么，也不管搭配什么的，即使看上去不伦不类，他们也不会去在意。这种人的单一性非常强，他们往往只关注自己的目标，只要下决心做什么事了，他们就会始终只做这一件事。他们的执行力很强，只不过有时会显得修养不足，听不进别人的意见，而如果有人对他们进行指责，他们则很容易跟人发火。

喜欢穿另类衣服的人：

现在的人们很多都十分讨厌"撞衫"之类的事情，有些人觉得和别人穿同样的衣服就会很不自在，难以忍受。于是他们就喜欢穿另类的衣服，以避免和别人重复。这类人很崇尚个性，喜欢与众不同，这是他们强烈自信的体现。但是这同时也体现了他们自我意识太强，凡事以自己为中心，很少顾及别人的感受。

喜欢穿制服的人：

在心理学上有一种"制服假面具"的说法，就是当一个人穿上某种制服以后，其心理状态就会发生变化。这是因为制服里面蕴藏着一种气势或者权力，让他们觉得自己变成了另一个人。这类人通常意志力比较差，很容易迷失自我，也比较容易受到诱惑。

喜欢穿夹克的人：

夹克一般都是男士在穿，女士穿夹克的很少。穿夹克会使人显得比较朴实和有活力，因此夹克得到了广大男士的喜爱。而爱穿夹克也反映出一个人自信心强、为人豁达的特点，这和夹克带给人的感觉是一样的。

喜欢穿休闲衣服的人：

喜欢穿休闲衣服的人大多是比较注重生活质量的，他们很喜欢浪漫，也擅长制造浪漫。这种人比较崇尚自由，喜欢无拘无束的感觉，因此他们比较讨厌那种按部就班的工作，更是讨厌整天坐办公室的工作。对于他们来说，舒适的生活比工作更重要。

喜欢穿裙子的人：

除了个别的国家或民族以外，裙子都是女性专属衣物。喜欢穿裙子的女人性格大都比较温顺，她们是属于那种贤妻良母型的，能够很好地打理家务，也能够非常周到地照顾家人。这种女人能够很得体地展现出女性美，因此容易得到男士们的注目和青睐。

通过服饰颜色看人

前面已经说过，衣服的颜色可以反映出人的很多性格和心理方面的信息，这里我们就详细说一下。

我们在买衣服的时候，会有这样的体验，就是我们的目光总是集中在我们喜欢的颜色上面，而对于那些不喜欢的颜色，就视而不见。在心理学中，色彩一直是人们研究的重点，因为每个人都有自己偏好的颜色，而这种偏好又与其性格以及短时的心理状态有紧密联系。曾经有心理学家创造了利用颜色来判断人物性格的方法，取得了很大的成就。

当我们在路上看到穿红色衣服和穿绿色衣服的人，会感觉这两种人非常不一样，这就是颜色展现出的不同特质所造成的。如果想要通过观察来了解一个人的话，衣服颜色是不可错过的一个方面。

下面我们就来说一下，不同的颜色分别代表了什么样的性格以及心理特征。

喜欢红色衣服的人：

红色代表热情，喜欢红色衣服的人通常都是非常活泼开朗的。他们性格外向，对什么事情都很积极，做事情有冲力，但是有时候会有些冲动。他们的精神力量很强大，在生活中会表现得十分勇敢和坚强。

喜欢绿色衣服的人：

绿色代表冷静，喜欢穿绿色衣服的人一般都比较沉稳，他们为人谦虚和蔼，很少和人争辩什么，偶尔吃点亏也会不急不躁，心如止水一般。让他们板起脸来对人是很困难的一件事，因此人们大都喜欢与他们交往。并且他们为人正直，做事情很有道德原则，颇受人们喜爱。

喜欢白色衣服的人：

白色是代表纯洁的颜色，喜欢穿白色衣服的人想要向人表现的就是干净和单纯，这种人往往有完美主义倾向，想要把所有事情都做好。他们很在意别人对他的看法，因此总是极力表现自己，不过他们的精神世界是很空虚的，经常感到孤独。这类人经常会表现出自己矛盾的一面，让人觉得有时非常招人喜爱，有时又难以接近。

喜欢黑色衣服的人：

黑色代表的是神秘，喜欢穿黑色衣服的人总是给人一种神秘感。这类人大多是比较内向的，他们喜欢用黑色来掩饰自己的内心，不希望别人看透自己，这也体现出了他们内心里的不安。同时黑色也给人一种高贵和冷静的感觉，让他人觉得这类人难以接近。不过黑色衣服也能给人以安全感，让人觉得这人比较可靠。

喜欢黄色衣服的人：

黄色一般给人的感觉是比较阳光，喜欢穿黄色衣服的人也是很阳光的。他们性格外向，总是有着很充沛的精力，做事情时坚定果断，有很强的自信心。他们很有冒险精神，喜欢做一些有挑战性的事情，而且他们总是有很新奇的创意，他们的想法经常能给人以新鲜的感觉。

喜欢蓝色衣服的人：

蓝色是一种宁静的色彩，喜欢穿蓝色衣服的人一般也都比较喜欢安静。他们性格大都内向，不喜欢与人交往，不过由于对人真诚，只要是能跟他们深入交往的，多半会成为知心朋友。这类人有很强的判断力，做事情果敢有毅力，不过有时候会固执己见，听不进别人的意见。

以上这些都是一些比较典型的颜色，有些人喜欢的颜色介于某两种颜色之间，则其性格也基本介于两种性格之间。

另外，有些人喜欢比较单一的颜色，这种人往往比较单纯率直，目标明确，有很强的思维能力，做事情比较理智。还有一些人喜欢花色的衣服，这种人经常把自己打扮得花枝招展，他们很喜欢表现自己，虚荣心比较强，而且往往比较任性。

通过化妆看人

化妆是女性的必修课。化妆可以表现出女性独有的天然丽质，使她们看起来焕发风韵，增添魅力。女性在生活和工作中，无论出于礼仪还是本性，在出门前都会用自己的工具在面颊上“涂涂抹抹”。成功的化妆往往能唤起女性心理和生理上的潜在活力，增强她们的自信心。化妆不仅可以表现女性潜在的欲望，还会展现她们的性格。

喜欢浓妆的女人，个性往往比较开放坦率，做事大多热情奔放，她们有极其强烈的自我表现欲，总是希望通过极端的方式来吸引他人，尤其是异性的关注。她们思想前卫，对一些大胆甚至偏激的行为常持包容的态度。当然，也有很多女性把浓妆作为自我保护的面具，以此来掩饰内心强烈的自卑感。

喜欢淡妆的女人，没有太强的表现欲望，甚至不希望别人注意到自己。她们不喜欢太张扬，而是更注重适度和品位，认为浓妆艳抹太过庸俗。她们希望用自己的气质和智慧才智来吸引别人，而不是靠姣好的容颜来打动人心。生活中，她们做事低调，凡事都喜欢有所保留。

不化妆的女人，更注重内在的修养，而不是外在的容颜，给人朴实无华的感觉。生活中，素面朝天的她们，把“清水出芙蓉，天然去雕饰”作为自己追求的境界，对任何事物都不满足于肤浅的认识，而是更看重实质的东西。除此之外，她们心里有强烈的男女平等观念，喜欢与男人平起平坐。不化妆也是才女们最喜欢的风格。

花长时间化妆的女人，是凡事追求尽善尽美的完美主义者。她们有坚强的毅力，为了实现既定目标，会表现出惊人的勇气。但另一方面，过分追求外表是对自己缺乏信心的表现。她们会逐渐失去自我，成了别人眼中的“欣赏品”。

钟爱同一种妆的女人，是典型的保守主义者，她们害怕改变，拒绝新鲜事物。因为在她们看来，任何的改变都会打乱原本平静的生活。从这个意义上来讲，长期保持不变的妆容，只不过是这种内心恐惧的外在表现而已。

另外，从化妆的部位也可以看出女人的性格特点。

眼睛是心灵的窗口，是五官中最容易暴露内心想法的器官。注重眼部修饰的女性，大多是浪漫主义者。一旦投入到一段感情中，会忘乎所以，全力以赴。在平时的生活中，她们也自我意识极强，经常沉浸在漫无边际的幻想中。

如果一个女性特别注重对唇部的化妆，常使用口红，则说明她们喜欢彰显性感。鲜红的嘴唇往往代表着性欲，对男性有极大的挑逗性。她们懂得异性的心理，能充分利用自己的魅力调动起异性对自己的兴趣。她们对喜欢与不喜欢的人的态度泾渭分明，对前者她们锲而不舍，对后者则懒得瞧上一眼。

注重肌肤护理的女性，喜欢给别人留下清爽干净的印象。她们大多有洁癖，做事一丝不苟，一心一意。她们独占欲强烈，嫉妒心更是无与伦比，她们极其厌恶花心的男人，对逢场作戏的人不屑一顾。

通过眼镜看人

眼镜的诞生之初，本来是为了矫正视力。随着时代社会的发展，它除了其基础作用外，还增添了时尚装饰性和反映社会阶层、学识等附加作用。随着社会技术的飞速发展，随着人们文化生活水平的不断提高，视力保健工作的开展，眼镜在人们生活领域中将要发挥重要作用。这也是为什么在隐形眼镜日益普及的今天，传统的有框眼镜不仅没有退出历史舞台，反而在形状、材质与功能性上不断推陈出新。在各种场合，因不同的需要，人们仍有戴眼镜的习惯。现在很多不近观的人也将眼镜作为一种饰物，或为生活必需，或为宣扬个性，总之，眼镜已经被人们赋予了全新的意义，而每个人的性格、爱好甚至婚恋观也在对眼镜的选择中暴露无遗。

喜欢玳瑁眼镜的人，是追求品位的群体。他们就算不是社会名流，也基本上都是在自己从事的领域里事业有成的。他们用价格不菲的玳瑁眼镜来彰显自己的卓尔不群。另外，玳瑁眼镜还是那些在象牙塔里研究学术的专家学者的最爱。

喜欢金丝眼镜的人，通常是时尚人士，他们对物质生活的要求很高。他们不只对眼镜，对服饰、座驾、住宅等都有要求。因为优越的物质生活，举手投足之间都显得与众不同，导致他们显得有些不易亲近。

喜欢普通金属镜框的人，一般都会给人留下文质彬彬的印象。其实这类人是对自己的学识缺乏自信，希望通过眼镜来增添自己聪慧的形象。

喜欢黑边眼镜的人。按照传统观念，戴黑边眼镜的人会给人一种老气横秋或者书呆子的印象。但现在却兴起了戴黑边眼镜的潮流。佩戴者不再是呆板的书呆子，反而都是思想观念新颖，热衷于新兴事物的新新人类。黑边眼镜成了很多年轻人的最爱。凡事都爱彰显个性的他们用黑边眼镜来表现自己与众不同的个性。

喜欢戴太阳镜的人，这种人做事喜欢掩盖自己的内心想法。要么是心怀不可告人的目的，要么是害怕别人了解自己。一般来说，这种人对别人都有很强的戒心，自卑感也比较强烈。

喜欢小型的圆框眼镜，一般是偏好文学艺术而又文雅有礼的人。行事从容不迫，举止优雅。在爱情方面，他们是那种对爱含蓄而坚贞的人，只要付出真心，便会永远不变，实在是难得的好伴侣。

喜欢大型的圆框眼镜的人是表面上文静，内心却热情似火的类型。

对于爱情，此类型的人不仅坚贞，却更具有爱恨分明的勇气和不顾一切的积极性，而且敢爱敢恨，绝不拖泥带水。

选蝶形框的眼镜的一般都是感情丰富的年轻女性，她们时而孤芳自赏，时而含苞待放。她们满含风韵又令人沉迷，通常是那些内心单纯的男子的梦中情人。除了外表和气质，她们的体贴入微也是吸引异性的地方，因此身边总是不乏异性。

喜欢戴方框形眼镜的人都是个性独特而又鲜明的。他们对自己的观点或能力有着强烈的自信心，有时甚至到了顽固不化的地步。对于决定要做的事，他们能排除万难做到满意为止。他们这种不断进取的性格通常给人稳妥踏实的印象，从而得到上司和同事们的格外信任。但美中不足的是在爱情方面，他们会因变幻莫测的性格使异性不敢轻易靠近。

喜欢椭圆形的眼镜的人都是注重现实的，他们无论对人对事，都一样认真。他们虽然表面上看起来缺乏灵气，但无论在工作还是生活中，他们都是忠贞可靠的类型。只是因为性格原因，他们做事总有些畏手畏脚。

通过提包看人

在现代社会中，提包已经成为人们日常生活中不可缺少的一部分，人们上班、出差、旅行，总要带上或大或小、或多或少的提包。男人们带提包一般都是为了装东西的，而女人们除了装东西，更多还是一种装饰，因为提包也能展现出一个女人的气质。

使用提包的人一般都有自己偏好的提包类型，下面我们就来看一下不同的提包反映了人们怎样的性格特征。

喜欢用公文包的人：

这种人一般都是单位领导或者大型企业的员工，他们因为工作需要而使用公文包，不过这也反映出他们对公文包的认可。这种人一般都非常保守，是中规中矩的人，他们做事情比较稳重，不会犯比较大的错误。生活中他们也是那种比较可靠的人，很注重感情，人际关系非常好。

喜欢用休闲包的人：

休闲包显示出这种人的随意性，他们热爱自由，不喜欢被束缚，性情也是比较奔放的类型。这种人对待生活大都非常乐观，不会为一些小事而伤心烦恼，也懂得宽容别人，乐天派的他们总是能让人觉得很轻松。在工作上他们不愿意做那种重复性很强的工作，那会让他们很厌烦，工作氛围对他们来说是很重要的，有一个轻松的氛围才能让他们安心工作。

喜欢用大提包的人：

这样的人多半比较大气，他们胸怀宽广，喜欢自由自在，不愿意受到约束。在生活中他们是那种不拘小节的人，因此在别人看来会有些懒散，而且不太负责任。本来他们的性格是很容易博得他人好感的，但是因为不负责任，所以很多人就会和他们保持一定距离，再加上他们也不注意维护自己的人际关系，因此很难有长久的朋友。

喜欢小巧提包的人：

喜欢这种小包的一般都是女士，这样的提包装东西的作用有限，很大程度上起到的是装饰作用。选择这种小包的人大都是比较爱美的年轻女士，因为小提包会体现出她们的青春活力。如果年纪比较大的人还在用这种提包，那说明她们乐观豁达，对待人生的态度很积极。

喜欢色彩艳丽的提包的人：

这类人一般都是女性，她们喜欢浪漫，因此选择颜色比较艳的提包，却往往因此而显得轻佻。她们通常对品位之类的事情关注很少，只关心自己是否能引起别人注意，是比较爱慕虚荣的人。

喜欢中性色系提包的人：

这类人并不急于表现自己，他们只是自己做自己的事情，对很多事情都不放在心上。生活中他们是比较散漫的，懒得去打理各种事务。工作上他们也不会有太高的追求，只是做好自己的本分，这让他们很难出人头地。不过他们在交朋友方面很有积极性，总是希望和周围的人搞好关系。

喜欢带有民族风情的提包的人：

这类人通常都非常有个性，喜欢我行我素。他们常常显得与别人不同，包括穿着打扮与言行举止，让人觉得他们格格不入，因此他们的人际关系往往也不是很好。

喜欢独特样式提包的人：

喜欢这类提包的人可以分为两类。一类是比较爱表现自己的，他们选择这种提包无非就是想吸引别人注意，展示自己的与众不同。另一类是思想比较独特的，他们往往很有艺术家的气质，思考问题的方式跟别人不太一样，因此选择的提包也有所不同。这类人通常会在某个领域做出比较好的成就。

喜欢名牌但无特定品牌的人：

这类人只是为了照顾自己的面子，他们认为只要是名牌就好，具体什么牌子的倒不是很在乎。他们大都很爱慕虚荣，喜欢在人前表现自己，他们最需要的是别人的夸奖和认同。但是有时他们太在意别人的看法，而迷失了自我。

这些都是通过提包的选择来看人，如果情况允许的话，我们还可以通过提包内物品的摆放来观察一个人。

物品摆放整齐的人：

这类人在提包中放东西会很规矩，什么东西放在什么位置，一目了然，不会再花心思去翻找。他们做事都非常有条理性，对每件事情都很认真，善于从很复杂的事情中理出头绪来。在工作上他们是很负责任的，一定会把自己的工作做好，而且还有比较强的组织能力。不过这种人大都比较保守，不愿意去做冒险的事情。

物品摆放杂乱的人：

这类人通常是那种比较大大咧咧的人，他们从不会关心提包里的东西怎么摆，只是随便往里面放，而在找东西的时候又要翻个底朝天。他们平时关心的事情很少，对于那些小事情根本不在乎。在工作上，他们也往往比较粗心，有些不负责任，很容易把工作搞砸。

物品很齐全的人：

这类人的提包里可以说什么都有，只要是他们能用到的，能放进提包里的，他们都会塞进自己的提包。如果是女性的话，说明她比较细心，做什么事情都很周到，而且会照顾人。如果是男性的话，那他的心胸就有些狭小，只会关注一些细节上的东西，而缺少大局观。

包里只放职业相关东西的人：

这类人是典型的工作狂，他们最大的乐趣就是工作。他们的性格往往比较孤僻，很难跟别人融入到一起，因此人际关系不是很好。这类人往往有很强的独立意识，非常自信，但是有些古板，缺少灵活和幽默。

MICRO EXPRESSION PSYCHOLOGY

第八章

不同性格人的兴趣爱好

通过喜欢的音乐看人

音乐是所有人类的共通语言之一，有位知名的艺术家曾经说过："音乐是没有国境线的。"在我们的生活中，音乐是必不可少的，离开了音乐，生活也将变得枯燥乏味。

也许每个人都曾被某些音乐感动过，对人们来说，音乐是一种感觉层面上的东西，它可以彰显出人的个性来，不同的人喜欢听不同的音乐。反之，从音乐中，我们也可以判断出一个人的性格来。这一节，就让我们一起随着音乐，品评人的性格。

有些人喜欢听乡村音乐。这样的人性格都十分成熟老练，一般不会做出什么损害自己利益的事情。他们喜欢自然的安静和恬然，不喜欢大城市的喧嚣和纷繁，所以这样的人最向往的生活是"纯绿色"的田园生活。他们有时也会变得非常的细心和敏感，在意一些细枝末节的问题。他们经常关注社会，同情备受欺凌的弱者，总是和社会中的弱势群体站在同一条战线上。

有些人喜欢听古典音乐。这样的人往往理性胜过感性，他们的性格成熟而内敛。对于他们来说，能触动内心情感的东西已经不多了，所以他们都很孤独，音乐对他们来说是一种"知己"般的存在。他们希望自己的人生能够尽善尽美，所以对这样的人来说，身份、地位、金钱都是十分重要的。有些时候看起来，似乎他们不太在乎物质上的享受，但是一旦他们有了那个能力，无论什么，他们都会要求享受最好的和最高级的。

有些人喜欢爵士乐。这样的人与之前喜欢古典音乐的人正好相反，他们的感性多于理性，做事也总是跟着自己的感觉走。这样的人喜欢自由自在、无拘无束的生活，所以有些人会觉得他们有些放荡不羁。他们喜欢丰富多彩的生活，追求一些新奇的事物，讨厌任何一成不变的东西，所以，他们很喜欢色彩斑斓的夜生活。他们非常关怀他人，懂得为他人着想，对自己的另一半来说，他们永远都是最浪漫的。

歌剧是一种融入了诸多元素的高雅艺术。即使在现代，也深得人们喜爱。一般来说，喜欢听歌剧的人性格都比较保守、传统，这类人比较情绪化，有的时候会显得有些偏激。但他们做起事情来却非常的认真负责，认真到近乎于苛求的地步，他们不管做什么都会努力地做到完美，一点瑕疵都会让他们的心情受到影响。

现在很多年轻人都喜欢听流行音乐，因为流行音乐都非常的简单易懂，表达感情也非常的直白。喜欢流行音乐的人正如流行音乐本身一样，是非常简单的人，这些人喜欢用简单直接的方法来解决问题，在对待事情时，不会想一些拐弯抹角的办法。这样的人做事喜欢采取中庸之道，从来不会剑走偏锋，属于非常平凡的“随波逐流”型。在性格方面，这样的人都比较单纯、直爽。

喜欢摇滚音乐的人无法忍受寂寞，喜欢人多的场合。他们非常自信，但却喜欢四处炫耀，以求引人注目。这样的人大多数都有一些愤世嫉俗，对现实社会十分不满，所以宣泄情绪的摇滚音乐成为了他们的最爱。

有一些人很喜欢背景音乐，他们的想象力都特别丰富，甚至丰富到超脱现实的程度，所以这样的人多少会对现实社会感到失望。但所幸的是，他们懂得自我调节，不会表现得太过火。他们感觉都非常敏锐，能够捕捉到他人所没注意到的东西。而且他们非常有口才，不管是熟悉的人还是陌生人，都能很快地与对方搭上话。

有的人很喜欢蓝调，并常常听着这种忧郁的音乐陷入一个“自我沉醉”的状态里去。他们看起来永远都显得十分低沉和落寞。这些人把人生所经历的事情看成是一部充满悲情的戏剧，所以说他们的情绪经常是时好时坏的，不容易稳定下来，这样的人不但会伤害自己，而且周围的人也会被他们感染到。

喜欢民族音乐的人非常孝顺，如果是女人，那她一定是一个贤妻良母；如果是男人，那一定是一个贴心听话的好丈夫、好儿子。这样的人都非常有人情味，但这种好脾气总是会被人误认为是软弱。

有些人喜欢听高昂激进的进行曲，一般人都认为，这样的人一定非常富有激情。其实不然，喜欢听进行曲的人做事墨守成规，不知道变通，性格非常的刻板。他们对自己的要求非常高，不允许自己犯半点错误，但现实社会却常常让他们感到疲惫和失望。但这样的人有一个非常好的优点就是他们懂得知足，不管面临怎样的环境都可以安于现状，泰然处之。

同样是激昂的音乐，有些人更喜欢交响乐那种宏大的气势。喜欢交响乐的人总是一副干劲十足的样子，而且十分有信心，因为他们凡事都只会去想积极的一面。这样的人能够迅速地和周围的人打成一片，但是他们对他人却缺少一种“警戒”心理，总是盲目地相信别人经常会让他们受到损失。喜欢听交响乐的人非常喜欢表现自己，总是在他人面前显示自己的不平凡，他们希望能够挤入到上流社会中，但不务实的性格总是让他们离梦想越来越远。

还有些人喜欢节奏感十足的打击音乐。喜欢这种音乐的人性格都非常耿直、爽快，他们为人处世的原则是“以和为贵”，从来都不挑剔自己的朋友。这种人社交能力都非常强，不管是什么场合下都能够谈笑风生，所以这样的人一般都非常受周围人的欢迎。

通过喜欢的运动项目看人

相信在当今时代，“运动”这个词每个人都不陌生，那么提起运动，我们首先会想到什么？球类？竞技项目？还是其他的什么？不管我们想到的是什么，运动的目的都是想要锻炼身体，获得一个强健的体魄。那么同样是锻炼身体，为什么不同的人会选择不同的运动呢？其实只要观察细致我们就会发现，人们在选择运动时会不自觉地透露出自己的心理需求，同时，运动也可以反映出他们的个性来。

有的人喜欢打篮球，这样的人一般都有非常远大的理想，为自己定下的目标也非常高，他们非常自信，所以对自身也抱有很高的期望。他们希望领导他人，始终保持领先，希望自己能够比别人强，比别人出色。为了成为人上人，他们会非常努力，甚至做出一些牺牲。当然，任何事情都不可能百分之百成功，但这样的人在遭遇失败后，并不会像大多数人那样一蹶不振，灰心丧气，而是会越挫越勇，付出更多的精力来迎难而上。这样的人，心理素质都非常好，性格也非常开朗自信。

有的人喜欢打排球，这样的人性格豪爽，不拘小节，在做一件事的时候会很享受过程，而并不在意结果如何。这些人认为，只要努力过了，就算失败也已经对得起自己了，所以他们不会去计较什么得失、成败。在很多人眼中，这样的人有些不负责任，甚至很多人都觉得这样的人没能力，因为大部分人都只看中结果而不问过程。但其实，这样的人非常有办事能力，一旦决定，就会不遗余力地去做，只是比起结果，他们更看重过程罢了。

有的人喜欢打网球，这类人多半都是文化涵养比较高的人。网球是一种具有贵族气息的运动，它的格调非常高，所以一般人根本没法加入到这项运动中来。所以说，参加网球运动的大多都是些文化素养很高的群体。这种人平时对自己的要求非常严格，不管是做事还是做人，都力求完美。可以说，喜欢网球运动的人，都是一些完美主义者。

足球是一种非常刺激的、竞技性非常强的运动，它会让人在进球的那一瞬间热血沸腾。所以说喜欢足球运动的人，都是一些富有激情、对生活抱有积极态度的人。这样的人工作起来干劲儿十足，非常有“战斗”的欲望。喜欢足球运动的人非常富有正义感，喜欢帮助别人，但有些时候会显得非常冲动。这样的人大多都属于“热血”型性格。

人们都知道，高尔夫球是一种“高级”运动，有些人即使喜欢可能也玩不起。它不仅仅是一种运动，也是一种象征，象征着一个人的地位、财富以及身份。高尔夫是一种“贵族”运动，能够玩得起的人往往都有很强大的经济实力，所以他们本身也可以称得上是成功者。喜欢玩高尔夫球的人都有非常广阔的胸襟和非常远大的理想，他们的毅力非常强，而且有一股不达目的誓不罢休的精神。高尔夫运动需要相当程度的技术和专注力。喜欢高尔夫的人，性格沉稳，处理事情耐得住性子，不急于求成，着眼实际，努力认真地做好眼前工作。这种人乐于交际，善于沟通与合作，人脉广泛。

有的人喜欢慢跑，一般而言，这样的人性情都比较温和、亲切，对他人也比较热情。这些人的心态比较平和，在很多时候都能够保持冷静。他们没有什么野心，也没有什么远大的抱负，比较安于现状。

还有些人喜欢体操运动，喜欢这种运动的人性格都不是特别坚强，而且自我约束能力非常差。这种人在面临困难时经常会妥协而无法坚持下去，他们的生活也没有什么规律性可言。因为他们的软弱，所以他们经常会面临各种各样的失败，如果想要改善这种生活，只能找一个约束力很强而且很严厉的人一直督促鞭策才行。

一般而言，喜欢游泳的人，缺乏解决问题的信心和勇气，游泳只不过是他们逃避现实、摆脱苦恼的一种方式而已，这种人容易产生压迫感，缺乏反抗精神和勇气，尝试改变自我，以及发表个人的意见和主张，能够让他们逐渐摆脱消极悲观的人生态度。

有些人喜欢散步，并把它当成一种运动。喜欢散步的人性格都非常沉着、稳重。他们知道什么事自己能做，什么事情自己不该做。他们做事非常有耐心，从来都不会半途而废。他们认为，为人处世就应该像是散步一样，不快也不慢，该转弯的地方转弯，该直走的地方直走。所以他们从来都不会去赶什么时髦，也没有太强烈的表现欲望。对他们来说，做好自己才是最重要的。

同样是散步，有些中年人只喜欢在黄昏时，踏着夕阳的余晖缓缓地踱着方步。这样的人做事不拘小节，甚至连自己的外表和个人卫生都不管。大多数人都觉得他们十分的邋遢、懒散。的确，这样的人不管做什么都不紧不慢的，属于火不烧到眉毛都不着急的类型。如果有人托这样的人办事那就要看运气了，因为他心情好的时候会把一件事情办得非常顺利、妥当；而心情不好时，不管多小的事都会搞砸。所以几乎没有什么人托他们办事。

相较于短跑和漫步，长跑更考验一个人的毅力和耐性。喜欢长跑的人，往往具有较强的自我控制能力，他们轻易不会因为外部因素的影响动摇决心，能够沉着冷静地处理遇到的困难，从不轻言放弃。

瑜伽是近年才流行起来的一项运动，起源于印度，讲求肢体动作和身体器官的协调，通过一些舒缓的动作，调养身心，最终使人获得精神和肉体的和谐统一。喜欢瑜伽的人，性情温和，能够理性安然地面对周遭事物，他们善于控制和调节自我，处变不惊，不为世俗困扰，远离争斗。

有些人，则迷信于家庭运动器材。这种人会买一堆运动器材放到家里，以期花费最短的时间，获得最理想的运动效果。这样的人一般性格都非常冲动，经常是头脑一热就决定了什么事情，往往急于求成，缺乏耐心和毅力，他们总是在不停地寻求捷径，而不去关心方法的可行性。这种人容易缺乏判断力，容易受到别人的蛊惑和误导。通常，过不了多长时间，他们那些在广告里被形容地神乎其神的健身器材，就都被他们堆到仓库里，终日不见天日了。

之所以人被称为一种动物，关键就在于一个“动”字。运动对于人们来说是一种非常重要的生活方式，有句话说得非常正确，“生命在于运动”。不管什么年龄的人，都喜欢做一做运动，借此来锻炼自己的身体。不同的人会选择不同的运动方式，不同的运动爱好也是人们性格层面的流露。

通过喜欢的游戏看人

人的兴趣有很多种，每一种性格的兴趣爱好都有着明显的差异。想要了解一个人的爱好，可以以这个人的性格作为依据，因为兴趣的背后，隐藏着他人的另一面，也就是所谓的内在的性格。

有些人喜欢玩游戏。所以人们很自然地认为，这样的人性格非常天真、单纯，非常喜欢赶时髦，容易被他人的思想左右。其实不然，游戏分为很多种类，不同性格的人所喜欢的游戏也不尽相同。就拿益智游戏来说，它是运用知识来解决问题的一种非常富有智慧性的游戏。经常接触这样的游戏可以让人变得越来越聪明，越来越有智慧。但益智游戏也有很多种，比如魔方、拼图、填字，等等。通过不同游戏的选择，我们同样可以观察出他人不同的性格来。

首先我们来谈一谈拼图游戏。相信这个游戏大家都不陌生，顾名思义，拼图就是将杂乱的图案拼凑成一副完整的画面来。喜欢这类游戏的人，他们的生活也像是拼图一样，拼好一块，转眼又会被打乱。这些人经常会被各种各样的事情干扰、左右。有些时候甚至会在一夕间所有的努力都付诸东流。可以说这样的人生活中充满了各种各样的不如意。但所幸的是，他们的信心和忍耐力都非常的强，一旦遇到挫折，就会迎难而上，直到解决为止。就算遭到失败，这样的人也不会放弃，而是会收拾心情，重新再来。

接下来我们再看一个比较热门的益智游戏，叫作“纵横字谜”，其实就是填字谜。在限定的格子里留下几个字，然后给予玩家提示，由玩家最后填上，这种游戏最后的结果往往都非常出乎意料，深受人们喜爱。喜欢这种游戏的人，往往非常看中做事的效率。他们喜欢花最少的精力去最大限度地完成一件事情。虽然这有些不现实，但他们一直这样的努力着。他们非常有修养，有礼貌，在待人处世方面，他们非常有绅士风度。他们也非常有责任心，意志力也非常强。在面对灾难时，这样的人不会一个人逃走，而是会尽可能地保护周围的人，勇敢地面对灾难。

然后我们再看看喜欢玩魔方的人。众所周知，魔方是一个非常精巧且复杂的游戏道具，会玩的人可以很快地完成一个侧面，而不懂得法门的人却很难将它们扭回原来的样子。喜欢玩魔方的人往往头脑都非常聪明，具有丰富的想象力和很强的创造力。他们总是能手动制作出很多小玩意儿。他们的自主意识也非常强，喜欢独自去钻研一些复杂的问题，而不喜欢他人插手。就算是这其中要付出很大的代价他们也不在乎。这样的人做事非常有耐性，大有不达目的誓不罢休的魄力。

有些人喜欢做数字类的游戏。这种游戏非常锻炼人的逻辑思维能力，所以喜欢玩这类游戏的人逻辑思维能力都不弱。他们的生活非常有规律，什么时间做什么事情都非常固定，基本不会改变。所以在外人眼中，这样的人有些刻板。他们非常不擅长人际交往，因为他们的要求总是十分死板，条条框框的约束很多，甚至到了不近人情的地步。所以说，他们总是不知不觉地就得罪了很多人，而自己还浑然不知。

智力测验是一个比较放松休闲的游戏，一般女人都很喜欢这种小游戏。喜欢玩智力测验的人性格都有一些散漫，他们虽然对生活充满热情，但是他们的生活却十分没有规律，常常是不分事情的轻重缓急，想做什么就做什么，十分任性。这样的人总是将大量的时间和经历浪费到一些琐事上，结果影响了自己的正业。

电子游戏机是现代年轻人们的新宠，繁杂多样的游戏、复杂的关卡以及华丽可爱的人物都深受当代年轻人的喜爱。喜欢玩电子游戏的人往往对新鲜事物的接受能力都很强，在面对一个新环境时，也能很快地融入其中。但他们却有一些缺少主见，在面临重大的决定时，总是会被他人的意见左右。

每个人的兴趣爱好都与他们的性格有着深刻的联系，不同的游戏也反映了人们不同的性格，了解对方在游戏方面的爱好，将是认识对方性格的一个非常有力的线索。所以在生活中我们不妨多留意一下，看看你身边的人都喜欢玩哪些游戏。

通过喜欢的旧物看人

相信在生活中，很多人都有收藏旧东西的爱好，这些珍藏的东西对个人而言有非常重要的意义和作用，它代表着人们的一些珍贵的回忆。当然，这不是说，每当我们经历一些事都要找一些物品收藏起来纪念这件事，这几乎是不可能的事情。一般值得珍藏和保存的，都是对个人影响比较深刻的回忆。也许有些收藏品在外人眼中一文不值，但对于收藏的人来说，是非常重要的。一般而言，不同性格的人会珍藏不同的东西。这节我们一起来看一下，这些“旧东西”能传递给我们哪些信息吧。

有些人喜欢珍藏年少时代的旧情书，对他们来说，少年时代青涩的爱情是最珍贵的回忆。这样的人大多都有非常严重的怀旧情节，过去的那些事情，不管是开心的还是难过的，对他们而言都非常重要。他们会花很多时间来追忆过去，相应地，他们会渐渐地开始厌恶眼前的生活。虽说这并不算是什么坏事，但长期下去对心理的影响也是很大的。这样的人，想象力都十分丰富，而且非常富有浪漫情调。他们的性格是多愁善感的，所以大多时候，他们给人的感觉并不是十分坚强的。的确，这样的人总是很喜欢依赖他人，希望自己能够得到大家的关心和爱护。

有些人喜欢将写满电话号码的旧电话簿珍藏起来。这样的人非常看重同他人之间的友情，对待自己的朋友也十分忠诚。在为人处世方面，这样的人非常的大方、热情，而且待人十分诚恳。他们大多都有非常不错的人际关系，周围的人都非常乐意与他们交往。他们的性格非常开朗、直率，做事光明磊落，说一不二。作为领导，他们深受下属的尊敬和爱戴。

有些人非常喜欢收藏旅游的纪念品，对这些人来说，每一件小物品都记录着他们的足迹。他们对自己过去的经历非常珍视，同喜欢收藏旧情书的人类似，这种人也会经常回忆，不过区别是，他们回忆的是自己在旅游途中的那些趣事。这样的人非常执着，对自己的理想和目标总是有着非常强烈的执念。即使是理想实现的过程中要经过非常严峻的挑战他们也会顽强地毫无怨言地接下。虽然他们的顽强拼搏精神值得人们赞扬，但不得不说的是，这样的人做事往往缺乏周密的思考，所以经常会有忙到最后一场空的情况发生。

有些人喜欢珍藏儿时的旧玩具或者是旧电子游戏卡带。这样的人玩心比较重，他们的性格都非常积极乐观，就算遇到挫折也能够很好地调节自己，坦然面对逆境。他们向往自由自在的生活，不喜欢过多地拘束。在为人处世方面，他们待人热情，幽默感十足，虽然有时他们会搞一些恶作剧，但这只会让周围的人开怀一笑而已。他们很喜欢四处交朋友，周围的人也非常喜欢同他们交往，所以这样的人大多数都有非常好的关系网。

有些中年人喜欢收集一些老旧的器具，比如说旧钉子、生锈了的螺丝钉，等等。这样的人忍耐力都非常强，而且对待他人十分宽容。在很多时候，即使他人犯了很大的错误他们都不会露出厌恶或是唾弃的表情，而是会耐心地进行劝解和开导。这样的人经常受到他人的赞赏，因为他们大公无私的处事原则。他们总是会因为其他人的事情而忽略了自己亲近的人，所以这样的人并不算是个好的家庭成员。

有的人喜欢珍藏一些旧的书刊杂志或者珍藏一些老旧的报纸。这样的人大多数知识都十分渊博，有随时读书的习惯。他们的性格都很自负，总是一副自命清高的样子。对他们来说，同上司走的太近的人都是

“攀权附贵”的人，所以他们十分看不起。这样的人总是很自以为是，觉得自己两袖清风、淡泊名利，做事时也不会轻易接受他人的意见和看法。

还有些人喜欢将一些老旧照片夹在书页或是笔记本中珍藏起来。大多数人都觉得，这样的人一定非常怀旧，喜欢沉浸在过去的生活中。但实际上，这样的人非常现实，他们虽然喜欢回忆，但是他们能够很好地调节自己，正视现实。他们的表现欲望都非常强，但这并不是因为他们喜欢炫耀，而是希望周围的人能够更多地了解他们。这类人的自我安慰能力比较强，遇到挫折能够很快地让自己平静下来。另外他们对新事物拥有很强的接受适应能力。

通过喜欢的书籍看人

有位哲学家说，书是人类最伟大的朋友，它时时刻刻都在更新着人们的思想，让人们变得高尚。它传递着人类的文明，世界日新月异的变化就是书的功劳。总而言之，书本已经成为人类提高修养的重要方式。差不多每个人都有读书的习惯，只不过是读书的种类不同，读书的方式不同而已。比如，有的人喜欢观其大略；有的人喜欢仔细推敲，等等。通过不同的阅读爱好我们可以判断出一个人的性格。通过每个人的阅读方式，我们一样可以看出他人很多信息。这一节，我们就一起来以书识人，品读他人的性格。

有的人喜欢看言情小说，大多数女人都喜欢这种类型的小说。这样的人性格都十分敏感，直觉非常准确，而且很重感情。大多数人都认为，喜欢读言情小说的人都情感细腻，很多愁善感。其实不然，这样的人性格都非常乐观，即使是遭遇打击，他们也能很快地调整好自己，以便迎接新的挑战。

有的人喜欢看一些人物的传记。这样的人野心都非常强，不甘心久居人下。虽然他们的好奇心非常强，但他们无论做什么事情都非常小心谨慎，总是会细心地将事情的利弊都分析一遍，确保万无一失后才会实行。

还有的人喜欢看一些通俗读物。比如街头小报、娱乐周刊、八卦杂志，等等。这样的人性格都非常开朗阳光，言谈也非常幽默，总是会给周围的人带来欢笑。由于这样的性格，他们的人际关系都会处理得非常好，不管在什么场合都很受周围人的欢迎。另外他们还非常富有同情心，经常会热心帮助弱势群体。

有的人非常喜欢读侦探推理小说，认为那是最奇妙的心智冒险。这样的人逻辑能力都非常强，而且非常睿智。他们非常喜欢挑战性强的事情，也喜欢解决各种困难的问题。有的难题对别人来说可能不敢挑战，甚至是根本不敢去面对。但对这类人来说，这些挑战都是一种有趣的事情，他们认为，这样的事情才有趣，解决这些事情也能显示出他们聪明的头脑。所以从某种程度上来说，这样的人性格都有些自大。

有很多人都喜欢读恐怖小说和科幻小说。他们觉得生活非常沉闷，读这样的小说能给他们一些刺激和紧张感。这样的人想象力和创造力都非常强，而且无论做什么事情，都会定一个非常周密的计划，所以周围的人都会认为他们很刻板。但实际上，他们的性格非常古灵精怪，对待事情时总会想到一些古灵精怪但非常有效的办法。

有些人喜欢在闲暇时，翻一翻财经杂志。这样的人好胜心理都非常强，总是喜欢和他人一较高下。所以在大多数人眼中，他们都有一些尖刻。

还有些人并不喜欢读这些通俗读物，而是喜欢读一些有关历史的书籍。这样的人创造力都非常强，他们喜欢将精力投入到自己认为非常有建设性的工作中，对于没有意义的社交活动他们从来都不会出席。由于他们几乎从来不和别人闲谈，说话也欠缺幽默感，使得周围的人对他们的印象都非常差。

书是人类最好的朋友，有的人非常喜欢读书，甚至达到了如痴如醉的地步，人们将这样的人称作“书虫”。过去大家都认为喜欢读书的人都是书呆子，而在现代社会，书报已经成了人类文化中不可或缺的一部分。美国的某位心理学家曾经指出，读书与人类性格之间有着密不可分的关系。所以如果想要了解一个人的性格，多观察一下他阅读的兴趣，这是一个非常不错的办法。

MICRO EXPRESSION PSYCHOLOGY

第九章

通过饮食习惯识人

通过喝茶看人

茶叶作为中国乃至世界最著名的饮品之一，历来深受世界各国人民的喜爱。茶叶中富含多种维生素以及抗氧化物质，是不可多得的健康饮品，经常饮用的人，能够减缓细胞衰老速度，消除疲劳，延年益寿。通过喝茶这样一个行为，我们可以发现很多有价值的信息，而这些信息对于我们了解一个人，具有很大的参考价值。

喜欢喝普洱的人，非常注重规矩和原则。这种人信奉“无规矩，不成方圆”，在他们眼里，万事都有其原则和处理套路，在做每一件事情之前，他们都会制订详细的行动计划，让所有的工作流程一目了然。这种人最讨厌散漫无度的人，对粗心大意的处事方式十分排斥，他们无法容忍一团糟的工作生活环境，即使是自己的衣着打扮，也要显得干净利落，平整自然。

喝英国红茶的人，情感细腻而脆弱，他们就像一个孩子一样，期待别人的关心和了解。这种人的内心十分敏感，能够通过别人一些细微的表情和动作，判断他人的情感变化。他们渴望被呵护和认同，希望别人能够了解自己的真实心理。这种人任性而天真，对自己信任或者喜欢的人，会投入自己全部的情感。

有的人对花茶情有独钟。这种人能够克制自己的感情，很少出现大喊大叫、失声痛哭等极端情绪，他们处事沉着，待人平和，谈吐大方自然，他们总是能够让交流变得轻松和睦，即使是面对一些敏感或者容易产生分歧和争执的话题时。但是，这种人对于突发状况缺乏经验和必要的心理准备，在面对狂躁不安或者激愤的人时，常常感到手足无措，心神不宁。

绿茶口味清淡，茶香淡雅，饮来只觉神清气爽，空口留香。喜欢绿茶的人，胸襟坦荡，志向高远，他们更注重一个人的内在修养，而不会过于关注一个人的外貌长相，他们最讨厌的就是那些浮华、虚伪的人。这种人排斥华而不实的东西，不喜欢打扮自己。在他们看来，衣物只是御寒遮羞的工具而已，只要穿得干净整洁就够了，通过衣着打扮炫耀和表现自己，是非常幼稚和可笑的。

当然，也有一些人，天生就对茶叶不感冒，他们解决饥渴的途径很直接，可能就是倒一杯白开水。这种人的想法非常单纯和简单，即使面对一个错综复杂的问题，他们也能够将它们进行合理的拆分和归类，各个击破。这种人专注力强，任性而固执，对于新生事物缺乏认同感，比较封闭和保守。

喝茶的场所有很多，你可以一个人，在家里独自泡上一壶茶；也可以和几个人一起，去茶楼里坐一坐。通过不同的场所，我们同样可以了解一个人的性格特征。

一般而言，喜欢在家里品茶的人，追求清静自然的生活，拥有个人的节操和坚守，他们安心地生活在个人的世界里，不受外界喧嚣和嘈杂的干扰，安静本分；另一方面，这种人缺乏进取心，甚至有些懒惰，他们处事比较消极保守，安于现状，甘于平庸。在当今这个竞争激烈的社会里，这种人很难取得显著的成就。

喜欢去茶楼消费的人，懂得享受生活，他们不会整日为了生计东奔西走，以至忘记了生活本身所应有的快乐和消遣。这种人具有一定的能力和地位，居功自傲，争强好胜，他们迷信于自己的能力和才华，总是以为只有自己才是最出色、最不可或缺的人。由于不善吸取别人的想法和意见，这种人显得十分专横和跋扈。

通过一个人放置茶杯的位置，我们也可以获得一些潜在的信息。在喝完一口茶之后，有人会将茶杯放在身体的一侧，同时用手扶着或握着茶杯的边缘，使得手臂横亘在谈话双方的中间。这是一种典型的防御姿势，说明他对你还有些排斥和抵抗，或者在意见上和你有分歧，但又不能直接说出来。而如果一个人把茶杯放在一个相对靠前的位置，自然地摊开双手，这说明他赞同你的观点和态度，你们之间的交流是诚恳有效的。

通过吃饭习惯看人

中国有一句俗话，叫作“民以食为天”。人只要活着就离不开食物，食物对于人来说，是除空气和水之外最重要的，我们甚至可以说，人这一辈子，就是为了“吃”而努力着的。我们可以从一个人喜欢吃什么样的东西来观察这个人的性格。同样地，通过一个人吃东西的方式，我们也可以观察出这个人的性格特征来。接下来，就让我们来简单地了解一下。

有些人吃东西时非常程式化。他们总是喜欢将所有事情都一步到位地做好之后，再坐下来慢慢享用面前的美食。喜欢这样吃东西的人，思维都非常缜密，他们在对待事情时，总是思前想后，花很多的时间将所有可能出现的意外都考虑周全之后，才会放手去做。这样的人一般都很挑食，所以他们的身体一般都比较瘦弱，但他们的头脑却比大多数人都要聪明。他们喜欢在事前做好充足的准备，然后再摆出一副运筹帷幄的样子，顺利地解决事情。如果事情突然发生了意外，超出了他们的估计，他们就会感到茫然无措，不知如何是好。

有的人饭量很小，他们在吃饭时，只吃一点点就放下筷子不吃了。这样的人性格一般都比较传统和保守，他们在做事时，总是十分的小心谨慎，生怕出一点问题。在人际关系方面，他们也都尽量地拉近自己与他人之间的距离，努力地处理好双方的关系。他们做事非常墨守陈规，喜欢以老方法解决问题，因为他们觉得只有这样，才能将事情的风险降至最低。由于他们不敢承担风险，做事的思维也略显僵化，所以他们将是一个非常优秀的守业者，而并不适合去创业。这类人做事非常沉稳，但却缺乏冲劲，所以在上司看来，他是一个非常敬业的好员工。而在下属眼里，这样的上司却显得有些刻板、严肃。

有的人吃饭很快，总是一副狼吞虎咽、风卷残云的样子。这样的人精力都非常旺盛，性格也非常的直率、豪爽。他们对待他人十分的真诚、热情，属于可以为朋友“两肋插刀”的类型。这样的人做事也非常干脆、果断，从不会前怕狼后怕虎，不会一副犹豫不决的样子。但他们却经常自以为是，不听他人的劝告或建议。这种人的自我意识也比较强，有很强的竞争心理和进取精神，不管面对多困难的事，他们总是会拼搏一番，绝不会轻易地妥协和认输。

与前一种类型的人正好相反，有些人吃饭的速度非常慢，总是细嚼慢咽，好像很享受每一口食物所带来的充实感一样。这样的人在做事时，很喜欢享受事情慢慢完成的过程，但这并不是说这样的人不看重结果，相反，他们非常喜欢结果所带给他们的满足感和愉悦感。这种人做事非常周密，思维也十分严谨，可以说他们从不会打没有把握的仗。在为人处事方面，这种人不管对自己还是对别人的要求都十分严格，有时甚至显得有些苛刻，所以在很多人眼里，他们十分的挑剔和残酷。

有的人在吃东西时，不懂得讲究“度”，一旦碰到自己喜欢的东西，就非要吃到够、吃到不能再吃了才会罢休。这样的人性格一般都十分直率和豪爽，所以很多人都喜欢同他们交往，在社交场合，这种人也十分吃得开。他们的组织能力比较强，所以周围的人总是会以这样的人为中心，拧成一股绳。直爽的他们并不懂得掩饰自己的情绪，不管是开心还是愤怒都会清晰地表现在脸上，很容易让人明白。

还有些人，他们在吃东西时，不喜欢同他人一起，而是喜欢单独一人静静地品尝美食。这种人的性格往往都非常孤僻，甚至有些孤傲。他们自命清高，不喜欢同其他“俗人”们搅在一起，更多的时候他们都在欣赏自己，显得有些自恋。但这样的人做事非常稳重，韧性也非常强，而且十分有责任心。这样的人都非常重承诺，虽然他们不会轻易答应对方的要求，但只要他们答应，就一定会做到，是真正的“言必信，行必果”类型的人。虽然这样的人总是独来独往，但周围的人对他们的评价都非常高，无论是他们的上司还是他们的亲人、朋友，都对他们的能力和行事风格十分满意。

中国有一句俗话，叫作“饭前先喝汤，胜过良药方”。喝汤对人们的身体健康十分有好处，而随着减肥活动的流行，这句话又变成了“饭前先喝汤，苗条又健康”。可以说在当代，有很多人都喜欢在饭前或者是吃饭过程中喝一碗汤。有这样习惯的人，往往性格都非常腼腆，容易害羞，甚至显得有些自卑。由于这样的性格，他们往往会与机会擦肩而过，最终一事无成。在人际关系方面，这样的人经常显得十分被动，别人问一句，他就答一句。大多时候，这种人总是安静地待在一边，很容易被他人冷落，甚至遗忘。

通过点菜习惯看人

聚餐是人们联络情感、交流意见的理想方式之一，相较于正式的谈判和会议，聚餐自然活跃的氛围，能够缩小双方的距离，消除隔阂和陌生感，有助于协议以及合作意见的达成。在聚餐的过程中，点菜是个必不可少的环节，通过观察一个人的点菜方式、所点菜品等细节，合理地利用这些点菜中透露的信息，将使我们在较短的时间内了解一个人，从而使自己在与他人的交往中，随机应变，处于主动地位。

点菜时喜欢大声吆喝的人，往往喜欢炫耀自我。他们总是通过一些不同寻常的行为举动，吸引别人的注意，并且不会意识到这些过于唐突的行为方式，已经对别人产生干扰或者使别人感到厌倦。这种人爱慕虚荣，好大喜功，但鲁莽粗俗的行事方式，却让自己变得像一个镁光灯下的小丑一样，洋相百出。

有人在对着服务员点菜时，明显操着训话的口气，刻意强调地位的优越感。这种人崇拜权势和地位，见到领导和上级时，唯命是从；面对下级乃至同等级别的人时，却毫不客气，尖酸刻薄。面对这样的人，你要特别注意自己的言行和表情，因为他们习惯揣测别人，一旦认为自己受到了轻视和嘲笑，就会毫不客气地发动反击——当然，远离这种人，是避免这种情况发生的最佳方法。

另一些人，能够心平气和地招呼服务员点菜，或者耐心等待服务员拿着菜单招呼他们。这种人沉着冷静，能够细致全面地考虑问题，他们能够正视自我的能力和才华，不会居功自傲或者自我吹捧，从不强迫自己承担明显无法胜任的工作。但相对保守的性格，也让他们显得成熟世故，不易沟通。

有时，一个人在点菜时，会直截了当地说出自己想吃什么，譬如他们可能会说："今天我可是奔着这家店的糖醋里脊来的……"这种人开朗大方，胸襟开阔，有事说事，绝不遮掩。他们不拘泥于细节，对于别人无意间的冒昧与打扰毫不在意，乐善好施，人缘很好。即使偶尔冲动一些，偏执一些，他们也能很快发现自己的错误，再次与朋友打成一片。

点菜时会把服务员叫到跟前，让他为自己介绍或者推荐菜品。这种人考虑事情周到，善于发掘新的方法和建议，他们在从事一件事情之前，会通盘考虑所有的可能性，将不确定性因素出现的几率降到最低。这种人拥有自己的行为准则和处事方法，不喜欢别人在他们面前指指点点、搬弄是非，他们富有责任感，总是竭尽所能地完成上级安排的任务。

有一些人，点菜时老是拿不定主意，左右为难。这种人处事谨慎小心，尊重他人的想法和观点，但他们过于矜持，对人对事不够大方坦诚，扭扭捏捏。这种人很多时候都在扮演一个旁观者或者附庸者的角色，不善沟通，对于自己从事的工作没有融入感，即使有好的想法和意见，他们也不喜欢拿出来分享。试着让自己更主动一些，更自信一些，能够让这些人走出个人的小世界，丰富自我，获得崭新的人生体验。

如果你们出去吃自助餐或者份餐，有人在点菜时，会选择和你相同的款式和搭配。这种人待人真诚，富有亲和力，很少成为争端和矛盾的导火索。他们信任朋友，愿意为朋友提供帮助，但过于依赖和顺从别人的想法，也让他们变得随波逐流，缺乏个人观点。

有人在点菜时，认准了招牌菜和特色菜，他们甚至不会翻阅厚厚的点菜谱，直接告诉服务员上两道酒店的招牌菜。这种人喜欢采取最直接的方式解决矛盾和问题，从不拖延和拐弯抹角，对于自己敲定的行动和想法，大有“不到黄河心不死”之势，一定要干出个名堂和结果来。

也有些人，在草草看过一遍菜单后，照着最昂贵的菜肴点菜。这种人敢于迎接挑战和艰险，充满斗志和探索欲望，但他们缺乏耐心和考虑，常常激情用事，结果损人不利己，十分狼狈。当然，如果一个人明明没有支付能力，还坚持点昂贵的菜品，这就完全是另一回事儿了。

通过食物偏好看人

食物偏好因人而异，有人喜欢吃甜食，有人喜欢吃油炸食品，有的人喜欢酱菜，有的人则喜欢清淡的食物。西方谚语里说“你吃什么，就像什么”，和其他很多习惯和喜好一样，事物偏好的养成和一个人的性格有着密切的联系，因此，通过观察一个人的食物偏好，我们可以在较短的时间里，了解这个人的性格。

喜欢糖果、甜圈等甜食的人，生性活泼开朗，热情大方。生活中，喜欢甜食的人大多为女性，这种人性格温顺，平易近人，天真而纯洁，儿童自我心理状态明显。她们总是能够和朋友打成一片，对于自己信任的人，百依百顺，毫无距离感。这种人处事感性，从来不会隐瞒自己的情感，可以说想哭就哭、想闹就闹。她们对事物的认知不够深入，常常过于乐观和理想化，因此容易受挫和伤心。此外，她们的依赖感非常强烈，比较软弱和胆小，时刻需要呵护和关心。

喜欢甜食的男人相对较少。毕竟，甜食黏腻的口感，与男性阳刚果决的性格特征，有一定的出入。本质上讲，嗜好甜食的男人，生性好色。在他们看来，咀嚼甜食就像和女性亲吻一样，令人迷醉。需要知道的是，甜食的摄入量是有一定合理范围的，过度食用甜食不仅容易发胖，而且容易导致心脑血管疾病等多种疾病的产生。

油炸食品非常常见，我们平时吃的麻花、油条、薯条等，都在油炸食品的范畴之内。喜欢这类食品的人，性情直爽，敢作敢为，富有责任心和事业心，渴望干出一番属于自己的事业来。他们富有冒险精神，不拘泥于细小的事物，能够将精力投放在最关键的事情上。不过，这种人处事不够谨慎，缺乏毅力和耐性，常常因为失败和挫折动摇决心，容易产生沮丧失望的情绪。油炸食品是十大垃圾食品之一，经常实用容易致癌，因此，和甜食类食品一样，合理地控制食用量，是保证身体健康的关键因素之一。

喜欢吃辣味或者其他刺激性口味食物的人，机智灵敏，能言善辩，思维活跃，富有创造力。他们善于思考和解决问题，遇事沉着冷静，不会轻易应和依附他人，坚持自己的观点和态度。但是，这种人生性执拗，固执己见，不愿妥协。他们的心胸也比较狭隘，喜欢计较是非，不够大度和宽容。

有的人口味清淡，忌讳过油、过辣的事物。这种人性格内向，处事沉稳，不善交际，是比较保守和自我的人。他们习惯于一个人行事，淡泊名利，不与人争。不过，他们缺乏进取心，安于现状，不愿做出改变和调整，生活方式单一沉闷。

腌制食品口味独特，品类繁多，适量食用可以提高食欲，增进胃口。喜欢食用腌制食品的人，踏实可靠，处事沉稳，具有大局意识。他们行事周密，部署严格，遵守规则和秩序，常常能够化繁为简，各个击破。这种人对人严苛，容不下半点的不足和过失，因此容易招惹麻烦。同时，他们功利心强，不相信纯粹的友谊和交往，很少和朋友坦诚布公、真心相待，几乎没有所谓的知己。当然，也有些人不喜欢腌制食品。这样的人大都活泼开朗，热情大方，他们善解人意，体谅他人，很少与他人记仇，富有亲和力，因此朋友众多，社交面广。不过，他们不够沉稳，尤其是遇到一些新鲜的想法和观点时，容易动摇最初的信念，另起炉灶，结果使得过往的付出付诸东流，徒劳无功。

喜欢吃荤的人，充满占有欲和探索欲，是非常强势的人。他们勇于挑战，追求卓越，具有领导力。同时，他们善于交际，乐观大方，能够游刃有余地穿梭于职场之中。通常，这种人也是富有心计的，思维灵活，善于观察，总是能够在第一时间发现身边的变化。

有人喜欢吃熟透的事物，无法接受刺身、生鱼片等食物。这种人待人亲切友善，善于处理矛盾和争端，能够迅速地融入到集体中去。他们充满志向，能够积极主动地设想自己的未来，但又缺乏耐心和毅力，因此变得耽于幻想，缺乏行动力。

喜欢喝汤的人，生性自卑。这种人并非没有能力，相反可能颇有才华。只是，他们缺乏自信心，总是觉得自己不够出色，有很多人比他们强。即使凭借实力赢得地位和金钱，他们也很少被人真正理解，他们过于腼腆，喜欢将自己藏在最不起眼的角落里，错过了很多本属于自己的美好与幸福。

喜欢蒸制食物的人，善于控制自己的情感。多数情况下，他们能够理性地表达自己的主张和看法，即使存在愤怒或者厌烦等情绪，也很少流露出来。这种人性情安稳，很少与人发生争吵和纠纷。但是，这种相对软弱随和的性格，容易被人利用，合理地捍卫自己的权益，是他们需要学会的。

烧烤类的食物在大排档或者自助餐厅里非常多见。喜欢这类食物的人，乐观向上，待人真诚。他们爱好广泛，喜结朋友，充满求胜欲望。但是，他们处事浮躁，缺乏耐心，总是想着用最短的时间完成任务，却往往忽视了质量。此外，他们在处理一些有争议问题时，顾虑太多，不够果决，难以服众。

通过吃相看人

你吃饭的时候是什么样子？喜欢狼吞虎咽还是细嚼慢咽？喜欢不停地说话还是一声不吭？一个人的吃相，与他的性格有着密切的联系，他在吃饭时表现出来的方式和行为，往往也是他日常生活中的法则和习惯。

喜欢狼吞虎咽的人，处事果决，行动迅速，看重结果。他们拥有明确的目标，敢于挑战，积极进取。这种人精力旺盛，珍惜时间，别人放松休闲的时候，他们可能正在用功努力地加班或者学习，但有时也会显得过于亢奋或者投入。他们虽然能力不够突出，但大多可以通过后天的努力取得成功。

有的人在吃饭时速度很慢，喜欢细嚼慢咽。这种人思考缜密，在从事某一件事情或者下结论之前，会仔细考虑存在的隐患及不确定因素，努力将危险发生的可能性降到最低。他们缺乏应变能力，遇到突发状况时常常手足无措，紧张而慌乱。此外，这种人为人严苛计较是非，常常因为一件小事和其他人争执不下，伤了友情。

遇到自己喜欢的食物时，有人会变得毫无节制，常常猛吃一顿，大快朵颐。这种人性格直爽，敢作敢为，颇有男子汉的气概。他们从来不掩饰自己的情感和想法，有一说一，有二说二。这种人对待朋友非常坦诚，胸襟广阔，不与人争。他们缺乏耐心，遇到琐碎的小事时烦躁不安，静不下心来。

有人在面对眼前的食物时，不管好吃与否，先把自己的饭碗里夹满再说。这种人是贪婪的，处事独断，固执己见。他们很少顾及他人的利益和感受，喜欢从个人的角度权衡利弊，比较自私。某种程度上讲，贪婪无节制的人是孤独的，他们希望通过不断地索取和占有，求得宽慰和充实感。

喜欢在吃饭时说话的人，思维敏捷，善于观察。这种人统筹协调能力较差，他们具有一定的能力，但常常以一种不够合理自然的方式表现出来，因此常常给人一种肤浅虚伪的感觉。通常，这种人缺乏专注力，他们处理其他事情的方式，和吃饭颇为相似，无法专心地投入其中，三心二意。

另有一些人，在吃饭时寡言少语，默不作声。这种人本分善良，性情随和，乐于听取别人的意见。他们性格内向，不喜欢展现自己，也不善于沟通和交流。他们拥有自己的想法和观点，但常常话到嘴边又说不出来，顾忌较多。通常，这种人处事冷静，稳扎稳打，能够一步一个脚印地走向成功。

有人在吃饭时非常讲究礼节，彬彬有礼，举止大方。这种人，处事妥当，待人接物讲究分寸，颇受人们的喜爱。他们在从事一件事情之前，会事先制订好详细的计划，然后严格地按照计划行事，因此常常能够取得成功。当然，也有一部分人在吃饭时，故意摆出一副绅士的样子，不过，只要和他们接触稍长一点时间，这些人的伪装就会不攻自破了。

如果一个人对食物没有禁忌，有什么吃什么，这说明他是个随性的人。这种人处事灵活，适应性强，对待工作认真负责，颇受领导层的赏识。他们待人坦率，不拘小节，虽然偶尔显得有些大意，但总体上是个很不错的朋友。

一个人拿筷子的方式，也可以透露许多有用的信息。夹筷子时，喜欢将无名指和小指紧握起来的人，这种人比较保守，遵守传统观念，性格沉稳安详；喜欢将小指跷起的人，情感丰富而细腻，对异性颇有吸引力；如果他时不时地跷起自己的食指，这说明他善于控制自己的情绪，即使有一些焦躁不安的情绪，也不会当众展现出来。

MICRO EXPRESSION PSYCHOLOGY

第九章

通过生活习惯看人

通过花钱习惯看人

人们常说，“谈钱伤感情”，的确，金钱往往牵扯到人的最根本利益，处理不好很容易影响朋友乃至亲人之间的关系。一定程度上说，一个人对金钱的态度，即是他对待人生的态度。这个人洒脱还是吝啬，冲动还是理性，都能够通过他的金钱观找寻答案。

相信很多人，对巴尔扎克笔下的葛朗台这个人物，印象深刻。葛朗台可以说是守财奴的“集大成者”，嗜财如命，一毛不拔，为了金钱可以放弃友情、亲情，甚至连自己的亲生女儿都弃之不顾。现实生活中，像葛朗台这么典型，或者说极端的守财奴很少，但确实有一部分人，小肚鸡肠，非常吝啬和小气，不要说施舍，就算你不顾身份、低三下四地恳求他们借钱给你，他们都不见得为之动容。这种人，生性孤僻，难于通融，缺乏进取心和意志力，总是想着不劳而获。他们性情暴躁，处事极端，待人冷漠。

这种人无疑是悲哀的，生活对他们而言，已经成为一场金钱的角逐。他们享受着囤积财富的过程，却不知道利用金钱，来改善自己的物质文化生活。他们为了挣钱而挣钱，甘心做一个生活的奴隶。殊不知，钱握在手里，就是一张废纸，显示在银行卡里，是一串阿拉伯数字，都是没有任何意义的。

有的人花钱没有计划性，他们很少关心自己的账户余额，常常想买什么就买什么，甚至因此让自己的生活拮据不堪都在所不惜。这种人处事冲动，容易感情用事。他们情感细腻，善解人意，喜欢交朋友，对自己喜欢的事物能够投入巨大的热情。这种人非常看得开，不计较得失，懂得享受生活的乐趣。他们虽然有时也会显得马马虎虎，但总体上说还是一个率性直爽的人。也有一些人，花钱不仅没有计划，简直可以说没有节制。这种人对待其他事物的态度，和对待金钱的态度一样，一塌糊涂，毫无章法。他们做起事来恣意而为，完全不考虑后果，虽然为人大方开朗，但总是无法令人信赖。他们缺乏毅力和耐心，得过且过，草率肤浅，难以成为生活的强者。

一般而言，花钱的目的在于享受，无论是物质上的还是精神上的，都是想要借此获取满足和愉悦感。但有人花钱，却是为了卖弄和炫耀。他们不关心购得的产品是否与它们的价格相称，甚至不关心这些产品能否给自己带来舒适和愉悦感，只要能让他们在别人眼里显得与众不同，显得充满情趣和品位就够了。或者我们可以这样说，很多人花钱是为了方便，他们花钱是为了面子。这种人爱慕虚荣，特别看重自己在别人心里的形象与地位，为了让自己看起来更富魅力，他们常常不择手段。他们非常自我，不关心别人的感受，甚至为了达到自己的目的，不惜牺牲别人的利益。更有甚者，明明没有足够的经济实力，依旧喜欢买一些奢侈品，这种人外表坚强，内心却十分脆弱。他们大都没有过人的能力，无法通过有效的途径表现自己，反而追求物质上的奢华和排场。

有人天生对金钱怀有恐惧心理，他们在花钱时非常的犹豫和茫然，常常考虑怎样花才合理，怎样花才能更节省。这种人，生性谨慎，缺乏胆识和魄力，对未知的事物充满畏惧。小心谨慎的处事风格，让他们避免了很多的麻烦和错误，但也让他们错过了很多的机会。培养自己的大局观，充满自信地从事每一件事情，是这种人急需的。

花钱谨慎的人，精于思考，善于观察和发现问题。这种人在花每一笔钱之前，都会仔细考虑它的合理性和必要性，该花钱的时候不会吝惜，不该花钱的时候绝不浪费。这种人并非抠门，虽然偶尔也会为了一些小钱和买家喋喋不休，但这恰恰表明了他们积极争取、严谨负责的态度。

有人花钱非常慷慨，包括朋友向他们借钱时，也非常的热情主动。

这种人处事客观理性，知道什么才是真正有价值的东西。他们乐于帮助别人，重视亲情和友情，待人诚恳而真挚。他们懂得取舍，凡事量力而行。虽然行事洒脱豪爽，但他们能够将局势控制在可操作的范围内。

通过购物习惯看人

购物是获取日常所需的最直接有效的渠道之一。每个人都有其独特的购物习惯和方式，有的喜欢在打折时购物，有人非常在意别人的看法，有人购物以实用为最主要原则，有的最喜欢在服饰区逗留。假设你现在和朋友一同外出购物，这时你就可以通过观察他的购物习惯和偏好，了解他的性格和心理了。

喜欢在商品打折时购物的人，务实高效，思维灵活，善于利用有利条件解决问题，随机应变。他们生性执拗，坚持自我的观点和主张，很少做出妥协和让步，因此让人难以亲近。他们关注细节，为人挑剔，容易和人产生摩擦。

购物时，如果遇到自己喜欢的东西，有人会毫不犹豫地买回家。这种人的占有欲非常强烈，为了得到自己喜爱的东西，不惜一切代价。他们富有责任心，尤其是对待自己的亲人，关怀备至，非常体贴。

有人在购物之前，会制作一份详尽的购物清单，标明需要买那些东西，买多少，等等。这种人处事讲求原则，一切按照计划行事，对于没有把握的事情，绝不轻易采取措施。他们思维缜密，善于将复杂的事情简单化，颇有领导风范。但是，他们循规蹈矩，缺乏变通，对新鲜事物兴趣较少。

电视剧或者电影里，经常会出现“购物狂”的角色，这些人总是喜欢大量地购买生活用品，尤其是在商场举行打折等优惠活动的时候。通常，存在这种购物习惯的人，并非由于非常缺乏日用品，因为他们每次从商场出来都是大包小包，多得几乎拎不过来。现在，心理学家已经开始关注这一特殊的人群，并称他们为“购物狂患者”。这种人，情感脆弱，容易产生忧虑、孤独等消极的心理状态，但是，他们无法找到合理的途径宣泄自己的情绪压力，因此希望通过购物，填补心灵的空虚与寂寞。他们富有浪漫主义气息，耽于幻想。

有人可以花上一整天的时间用来购物，这说明他们的生活状态是非常松弛的。这种人性情活泼，积极向上，不被生活的琐事困扰，懂得享受和放松。他们充满信心，坚信自己的能力，乐于尝试和挑战。不过，他们喜欢幻想一些不切实际的东西，目标虽然远大，但真正实现的可能性，微乎其微。

有的人在购物时，非常看重别人的观点和看法，譬如在他们可能会问你哪个品牌的洗衣粉去污效果好，哪个款式的衣服看着更漂亮。这种人性格温顺，善解人意，尊重他人。他们生性乐观，善于沟通和交流，能够迅速摆脱消极情绪。此外，他们善于吸取好的方法和意见，能够合理利用有效资源，处事高效，常常取得事半功倍的效果。

需要一些日用品的时候没有，不需要的时候反而又急着去买。这种人多少有点神经质，敏感而脆弱，受到外部刺激时容易产生抵抗和反击心理。他们充满表现欲，争强好胜，固执而顽强，为了达到目标，常常会不择手段。

有人很少选择亲自出门购物，他们习惯让别人代劳，或者直接通过电子购物等渠道获取日用品。这种人处事果断，责任心强。他们尊重他人、信赖他人，遵守规则和秩序，很少因为个人的疏忽和大意影响他人。

喜欢独自购物的人，自尊心较强。他们处事沉着，富有主见，习惯于依赖自己的力量解决问题，独立自主，成熟稳重。这种人不善于表现自己，内心深处潜藏着自卑的性格缺陷。他们并不喜欢一个人行事，只是觉得这样会让他们与其他人保持一定的神秘感，从而看起来更完美一些。

通过请客看人

中国向来是一个讲求礼节和交往的国度，作为人际交往的有效渠道之一，请客吃饭是相当常见的。请客本身可以用来表达喜悦或者感激之情，但更为重要的是，请客可以加强双方的沟通和交流，拉近彼此感情、增进互信。那么，请客到底可以透露哪些有价值的信息呢？让我们一探究竟吧。

请客的地点可以反映一个人的性格特点。一般而言，喜欢在家里请客的人，大都性格内向，生性保守。他们天生对陌生事物存在抵触心理，缺乏探索欲望。这种人缺乏安全感，在自己家里请人吃饭，会让他们觉得踏实和放心。总体上说，这种人非常本分，与世无争，性情比较随和，能够较为理智地处理身边的事情。当然，相对软弱的性格，也让他们显得缺乏决断能力，畏手畏脚，甚至于自甘堕落。从另一个角度讲，在家里请客也反映了东道主对客人的尊敬和认同。家是一个非常私人的场所，饮食起居大都在此开展。显然，一个人如果对你缺乏信任，或者不想让你走进他的生活，是不可能把你领到他的家里吃饭的。

有人会把请客的地点选在一些风味小吃馆，或者一些比较实惠的酒楼等。这种人是非常实际的，不求浮华，只求安安稳稳地生活。他们的人际关系非常单纯，对待亲朋以诚相待，不存在任何的勾心斗角和尔虞我诈。他们颇有生活情趣，虽然不见得过得多富裕，但大都开朗乐观，懂得享受生活。这种人勤劳而坚韧，勇于挑战和担当，是富有气节的一类人。但是，这种人缺乏应变能力，灵活性比较差，遇到突发状况时，常常显得束手无策。

讲求排场的人，会把请客的地点选在高档酒店，或者其他任何能够显示身份和地位的地方。能够在上述地方吃饭的人，肯定要有一定的经济基础，但这并非表明只有富人才会在这种高档的地方请客。实际上，有很多本身并不富裕的人，也非常热衷请客的排场。不管富裕也好，不富裕也罢，喜欢排场的人，大都争强好胜。他们不甘心屈居于任何人之下，充满挑战欲望，坚韧而顽强。但是，这种人妄自尊大，非常自我。他们很少接受别人的观点，即使明知自己有误也不肯轻易屈服。这种人或许可以通过个人的努力和才华取得成功，但狭隘的心胸却让他们显得令人厌恶。

有时候，几个朋友在大街上偶遇，寒暄过后，一个人可能会说："改天有空了，我请大家吃饭吧。"但实际上，这句话真正付诸实施的可能性微乎其微，它更多地被人视作一句客套话，我们默默地点头一笑，这件事可能就就过去了。通常，喜欢在口头上说"请客"的人，大都喜欢炫耀，爱慕虚荣。类似于"请客"之类的话，会让他们觉得自己大度而慷慨，但实际上，他们可能恰恰是一个小肚鸡肠、凡事计较的人。这一类人，虽然谈不上阴险和狡诈，但却是有很多小伎俩，喜欢要小聪明，占小便宜。对他们，我们还是有一定的戒备心为好。当然，也有一些人，确实是真心地想请朋友吃饭，这种人性情随和，和善可亲。不过，他们有时也过于单纯和善良，看待事物不够深入，容易受到伤害和打击。

如果一个人请你吃饭，而你恰好有事而不能赴约。这时，他可能会不顾你的想法，或者认为你只是在跟他客套，强行要求你赴宴，甚至对你说："你如果不来，咱们的朋友就没法做了。"这种人，充满占有欲和支配欲，自私自利，常常通过个人角度看待问题，而完全忽视或者无视别人的感受。他们处理很多事情的风格，和请客吃饭一样，只要是自己认为对的，丝毫也不会妥协，非常固执，难于通融。

一般来说，喜欢请客的人，具有较强的自我满足欲。请客吃饭，会让他们富有优越感，并借此在人际交往中处于主动地位。本质上讲，他们还是非常自我的，只是这种性格体现在请客上，反倒让他们显得豁达开朗，性情豪放。这种人虽然自我意识强烈，但也不会轻易触犯他人的利益。如果他们能够认识到自己的缺陷和不足，淡泊名利地面对生活，这种人还是很招人尊敬和喜爱的。

通过座位选择看人

坐公交时，你喜欢靠前的位置还是靠后的位置？开会时，你喜欢坐在会议桌的中部还是角落里？你喜欢坐方形的椅子，还是圆形的椅子？座位的选择，看似是一个不起眼的行为，却隐含了很多的学问。

对于众多上班族而言，公交车无疑是一种非常重要的交通工具。

抛除车辆颠簸、晕车等外部因素，大多数人对坐在车辆的前方还是后方，没有太多的考虑。但有人，在挤上公交之后，会找一些靠后的位置落座。这种人情感细腻，善于观察，但缺乏安全感。坐在车的后方，能够保证他们拥有宽阔的视野，将车厢内发生的事情尽收眼底。他们自我保护意识非常强，坐在车的前方，会让他们无法知悉身后发生的事情，使得自己无法安心。这种人生性多疑，从不轻易地相信别人，这让他们避免和逃脱了很多骗局，但也让他们变得畏手畏脚，草木皆兵。

也有些人，喜欢坐在车的前部。这种人充满进取心，不甘平庸和落后，即使在公交车上，也要坐在多数人的前面，以谋求心理上的优越感。他们工作努力，生活态度积极，喜欢表现自我。有一些人，不仅坐在车的前部，还要挨着司机的位置坐。这种人充满依附感，喜欢依靠别人的力量和成果，谋取个人成功。他们缺乏主见，大多数的观点和态度都是拾人牙慧，这种人热衷于旁征博引，以期显示自己的与众不同。

喜欢靠窗而坐的乘客，独立自主，处事沉稳。他们思维缜密，考虑事情深入而周全，很少感情用事或者冲动行事。这种人追求安静，讨厌纷争，远离是非，坚守自我。

有的人则喜欢坐在外侧，即靠近过道的一边。这种人拥有主见，观点鲜明，严格按照自己的计划和想法行事。他们富有毅力和决心，但通融性比较差，很难听取别人的建议和主张。

喜欢挑单人座的人，性格内敛，不善交际。这种人虽然孤僻保守，但适应能力较强，能够依靠个人解决生活中的问题和矛盾。他们积极主动，能动性强，他常常在第一时间完成自己的任务。

喜欢靠近车门而坐的乘客，行事谨慎小心。坐在车门旁，不仅可以方便他们下车，也能使自己在面对危险情况时，拥有更多的主动权。这种人比较自私，缺乏内心和毅力，面对艰难的工作和任务时，常常畏缩不前，因此难成大器。

有的人，对留有余温的座位非常敏感。坐在“尚有余温”的座位上时，他们会非常不舒服，老是觉得很别扭，甚至还会因此站起身来。通常，对留有余温的座位产生一定的不适和反感是正常的。每个人都希望留有一定的私人空间，但留有余温的座位会给人一种黏腻感，让人觉得不自在。至于那些因为不适而站起身来的人，他们过于敏感，同时不善于控制自己的情感。这种人爱恨分明，包容性较差，除非和他们相处一定的时间，否则你很难走进他们的内心世界。

当然，也有一小部分人，喜欢站着乘车，即使有空位也不坐。这种人意志力顽强，富有耐心。为了取得成功，他们甘心忍受痛苦和折磨。不过，这种人喜欢表现自己，偶尔也会弄巧成拙，出尽洋相。

开会时的座位选择，同样可以透露很多信息。

假设现在有一张长方形的会议桌，短边或者长边靠中的座位，被视为领导席。在较正式的会议中，主持会议者一般坐在短边一侧，以显示自己的特别乃至权威；在轻松活跃的生活会议上，他们则多喜欢长边中部的座位，这样会让他们富有亲和力，易于沟通。

在同级别的讨论会中，喜欢抢占领导席的人，性格开朗，活泼好动，充满占有欲望。他们崇尚权力和地位，非常渴望成为一个呼风唤雨的人物。而喜欢坐在一些不起眼位置的人，则安静沉稳很多。他们之中，不乏深谋远虑的智者，但也有些人过于内向，缺乏主见，消极遁世。

除去会议室等特殊场所，在一间普通的办公室里，靠近房间里侧，同时面对房门的座位，一般被视为领导席。在这种位置，一个人可以方便地掌控房间内的动向，在第一时间发现异常并予以解决。喜欢这种座位的人，处事谨慎，但也容易因此而疑神疑鬼。

如果你和朋友在一家咖啡店里聊天，你喜欢坐在他的对面还是旁边？一般而言，如果是较为亲密的朋友或者一对恋人，你们会选择坐在对方旁边。因为这会让你们靠得更近，拥有同样的视野，有利于沟通和交流。如果你们对立而坐，这说明你们之间还有一定的距离和隔阂，彼此不够信任和了解。潜意识里，你们希望通过这种方式，保护自己，隐藏自己的真实情感。

此外，座位形状的选择，也可以折射一个人的性格和心理。

喜欢圆形椅子的人，待人热情，和蔼可亲。他们分析问题周密而细致，不急于下结论，遇到矛盾和冲突也十分沉稳，不至太过冲动。这种人善于沟通和交流，开朗大方，易于亲近。

喜欢方形或者其他棱角分明的座位的人，攻击欲望强烈，爱恨分明。他们严于律己，恪守规则，很少尝试没有把握的事情。这种人追求完美，无论对自己还是他人，都非常苛刻，容不得半点错误。

喜欢一些古朴典雅座位的人，处事沉稳，富有耐心。这种人生性保守，是比较传统的一类人。

有人喜欢色彩鲜明的座位，这种人，富有探索欲和求知欲，追求创新。他们个性十足，喜欢尝试新鲜的东西，时刻处于变化和改进的过程之中。

通过业余活动看人

人与人之间，不管关系多么亲密，总是存在着一层隔阂。而如果两个初次见面的陌生人如果有一个相同的爱好的话，那么就很容易拉近双方的距离。心理学家分析表明：知道一个人的兴趣爱好，不但可以判断出一个人的个性，也能判断出一个人的心理状态。

某种程度上来说，人们在业余时间做的事，也是兴趣爱好的一种。所以，通过这些业余活动，也能判断出一个人的品性来。

有些人在闲暇时喜欢看看电影，以这种方式来舒缓自己紧张的情绪和紧绷的神经。相信很多人都有这个业余爱好。喜欢在闲暇时看电影的人，都特别的感性，感情的波动也非常强烈。这样的人无法接受他人的批评，即使明知道是自己的错，他们也会非常介意。他们通常都非常孤僻，喜欢将自己关在一个只属于自己的空间中。

有些人在假期时，喜欢带上器具和椅子去山间溪流中享受一下垂钓的乐趣。但同样是钓鱼的休闲方式，有些人喜欢一个人享受大自然的宁静，而有些人则喜欢同朋友一起共享。喜欢独自享受钓鱼乐趣的人往往都是一些比较忧郁的人。他们总是喜欢躲在一个与世隔绝的小空间内，以求精神上的安定。因为这些人不管在工作中还是在学习中，都没法与他人和谐相处，所以他们总是在逃避，最后变得越来越孤独。而喜欢与他人共享垂钓之乐的人则正好与之相反，他们的性格热情开朗，而且做事十分积极。他们懂得合理利用时间，在闲暇时会完全将工作抛诸脑后，而在工作时则会全心全意地投入其中，这样的人不管在公司还是在家庭中都特别的受欢迎。

还有些人的业余时间都花在买某个明星的专辑或是海报上了，这样的人美其名曰为“追星族”。其实每个人都有自己崇拜的偶像，但是一旦太过疯狂，那就不是什么好现象了。有很多年轻女孩子都疯狂迷恋自己心目中的那个“星”，对于这个“星”的资料可以倒背如流，更有甚者还将这些偶像当成自己生命的支柱，这都是些不好的表现。一般在业余时间以“追星”作为乐趣的人，都非常不成熟，而且性格有些偏执，这样的人喜欢钻牛角尖，容不下他人的否定意见，他们的感情也十分脆弱，一旦经受打击就会精神萎靡很长时间。

比起上一类人，这类人明显就要好很多。有些人，特别是女性，她们喜欢利用闲暇的时间和朋友一起边织毛衣边聊天。一般来说，想要判断一个女人是否温柔，用织毛衣的方法是最好的。因为会织毛衣的女人一定非常心灵手巧，心思也非常细腻。换句话说，这样的女人在婚后一定是一个贤内助。其实这个说法是非常有道理的，因为毛衣的款式不同，织法也不同，越是漂亮的毛衣织起来就越复杂，这种复杂的事情，粗枝大叶的人是做不来的。

有些人的业余爱好非常特殊，他们喜欢在夜里无事时，仰视满天繁星。或是坐着，或是躺在草地上，就像是他们可以与星星交谈一样。这样的人往往都有一个非常美好但却不太切合实际的梦想，他们也知道自己的梦想根本无法实现，但他们仍然沉迷其中，自得其乐。他们的性格虽然有些孤独，但心地却十分善良，喜欢帮助他人却不求回报。他们也非常天真，正因为如此，他们总是看起来十分快乐的样子，但他们这种天真却不是人们常说的那种“幼稚”。

还有些人在业余时间，喜欢在森林中倾听百鸟的鸣叫，仿佛那一刻自己的心也同大自然融为一体了，这样的人若是在散步时看到了一只飞落的小鸟，尽管他不知道鸟的名字，但他还是会驻足观看，直到鸟儿再度飞走为止。有时为了听鸟的叫声，他们甚至会爬上很高的山，或是走到很远的树林去。这样的人往往非常善良，性格也偏内向一些，但是他们并不会排斥陌生人，只是很少说话而已。但有些时候，这种善良的性格会让人误认为是多愁善感，认为他们非常忧郁。

有的人在闲暇时，并不出家门，甚至连卧室的门都不出。干什么呢？在自己的房间和朋友煲电话粥。喜欢在闲暇时间打电话的人性格都比较外向，他们开朗、乐观、健谈，在朋友圈内十分受欢迎。他们不喜欢一个人，因为他们无法忍受独自一人的那种孤独和孤寂感。对他们来说，很多人在一起，大家热热闹闹的是最好的。这样的人做事都非常干脆利落，不拖泥带水。虽然说，有时他们会显得智慧不足，要他人帮忙出主意才能最终做出决定，但他们只要得到别人的支持和鼓励就会一直地做下去。他们还有一个非常好的品质，就是从来不会占用其他时间来做一件事。所以不管做什么他们都能很专心地做好。

最后这种人的业余爱好非常简单，他们喜欢在闲暇的时候打扫房间，并把这个当成是一种乐趣。单从这个习惯来看，这种人一定非常勤劳。事实上，这种人的性格稍微有一些刻板，他们很在意自己所做的事情是否有“意义”，对他们来说，如果一件事情没有意义，他们是绝不会去做的。他们对生活的要求也很简单，就是每天都能过得“充实”“有意义”。这种人对自己的要求非常严格，所以说工作时即使没人监督，他们也不会放纵自己或是偷懒。这种人似乎每天都有做不完的事情，没有闲暇的时候。但他们却能将这些事情安排得有条不紊，不至于那么混乱。如果你的上司有这样的习惯，那你一定要注意了，因为这样的人不但对自己要求很严格，对他人也是一样。对他们来说，放松和闲暇是浪费生命。